과학공화국
화학법정

8
물질의 변화

과학공화국 화학법정 8
물질의 변화

ⓒ 정완상, 2008

초판 1쇄 발행일 | 2008년 1월 25일
초판 19쇄 발행일 | 2023년 10월 16일

지은이 | 정완상
펴낸이 | 정은영
펴낸곳 | (주)자음과모음

출판등록 | 2001년 11월 28일 제2001-000259호
주소 | 10881 경기도 파주시 회동길 325-20
전화 | 편집부 (02)324-2347, 경영지원부 (02)325-6047
팩스 | 편집부 (02)324-2348, 경영지원부 (02)2648-1311
e-mail | jamoteen@jamobook.com

ISBN 978-89-544-1467-8 (04430)

과학공화국 화학법정

화학법정

정완상(국립 경상대학교 교수) 지음

8
물질의 변화

㈜자음과모음

생활 속에서 배우는 기상천외한 과학 수업

처음 과학 법정 원고를 들고 출판사를 찾았던 때가 새삼스럽게 생각납니다. 당초 이렇게까지 장편 시리즈가 될 거라고는 상상도 못하고 단 한 권만이라도 생활 속 과학 이야기를 재미있게 담은 책을 낼 수 있었으면 하는 마음이었습니다. 그런 소박한 마음에서 출발한 '과학공화국 법정 시리즈'는 과목별 총 10편까지 50권이라는 방대한 분량으로 출간하게 되었습니다.

과학공화국! 물론 제가 만든 단어이긴 하지만 과학을 전공하고 과학을 사랑하는 한 사람으로서 너무나 멋진 이름입니다. 그리고 저는 이 공화국에서 벌어지는 많은 황당한 사건들을 과학의 여러 분야와 연결시키려는 노력을 끊임없이 하고 있습니다.

매번 여러 가지 에피소드를 만들어 내려다 보니 머리에 쥐가 날 때도 한두 번이 아니었고, 워낙 출판 일정이 빡빡하게 진행되는 관계로 힘들 때도 많았습니다. 적당한 권수에서 원고를 마칠까 하는 마음이 시시때때로 들곤 했지만 출판사에서는 이왕 시작한 시리즈인 만큼 각 과목마다 10편까지 총 50권으로 완성하자고 했고 저는 그 제안을 받아들이게 되었습니다.

많이 힘들었지만 보람은 있었습니다. 교과서 과학의 내용을 생활 속 에피소드에 녹여 저 나름대로 재판을 하면서 마치 제가 과학의 신이 된 듯 뿌듯하기도 했고, 상상의 나라인 과학공화국에서 즐거운 상상들을 펼칠 수 있어서 좋았습니다.

과학공화국 시리즈 덕분에 저는 많은 초등학생 그리고 학부모님들과 좋은 만남과 대화의 시간을 가질 수 있었습니다. 그리고 그분들이 저의 책을 재미있게 읽어 주고 과학을 점점 좋아하게 되는 모습을 지켜보며 좀 더 좋은 원고를 쓰고자 더욱 노력했습니다.

이 책을 내도록 용기와 격려를 아끼지 않은 (주)자음과모음의 강병철 사장님과 빡빡한 일정에도 좋은 시리즈를 만들기 위해서 함께 노력해 준 자음과모음의 모든 식구들, 그리고 진주에서 작업을 도와준 과학 창작 동아리 'SCICOM'의 식구들에게 감사를 드립니다.

진주에서
정완상

목차

제1장 열화학에 관한 사건 11

제2장 물질의 상태변화에 관한 사건 77

화학법정의 탄생

과학공화국이라고 부르는 나라가 있었다. 이 나라는 과학을 좋아하는 사람들이 모여 살고 있었다. 과학공화국 인근에는 음악을 사랑하는 사람들이 사는 뮤지오공화국과 미술을 사랑하는 사람들이 사는 아티오공화국, 공업을 장려하는 공업공화국 등 여러 나라가 있었다.

과학공화국 사람들은 다른 나라 사람들에 비해 과학을 좋아했지만 과학의 범위가 넓어 물리를 좋아하는 사람이 있는가 하면 화학을 좋아하는 사람도 있었다.

특히 과학 중에서 환경과 밀접한 관련이 있는 화학의 경우 과학공화국의 명성에 걸맞지 않게 국민들의 수준이 그리 높은 편이 아니었다. 그래서 공업공화국 아이들과 과학공화국 아이들이 화학 시험을 치르면 오히려 공업공화국 아이들의 점수가 더 높게 나타나기도 했다.

최근에는 과학공화국 전체에 인터넷이 급속도로 퍼지면서 게임에 중독된 아이들의 화학 실력이 기준 이하로 떨어졌다. 그것은 아이들이 학습보다는 게임을 하면서 시간을 보내거나 직접 실험을 하지 않고 인터넷을 통해 모의 실험을 하기 때문이었다. 그러다 보니 화학 과외나 학원이 성행하게 되었고, 아이들에게 엉터리 내용을 가르치는 무자격 교사들도 우후죽순 나타나기 시작했다.

화학은 일상생활의 곳곳에서 만나게 되는데 과학공화국 국민들의 화학에 대한 이해가 떨어지면서 여기저기서 분쟁이 끊이지 않았다. 마침내 과학공화국의 박과학 대통령은 장관들과 이 문제를 논의하기 위해 회의를 열었다.

"최근의 화학 분쟁들을 어떻게 처리하면 좋겠소?"

대통령이 힘없이 말을 꺼냈다.

"헌법에 화학 부분을 추가하면 어떨까요?"

법무부 장관이 자신 있게 말했다.

"좀 약하지 않을까?"

대통령이 못마땅한 듯이 대답했다.

"그럼 화학으로 판결을 내리는 새로운 법정을 만들면 어떨까요?"

화학부 장관이 말했다.

"바로 그거야! 과학공화국답게 그런 법정이 있어야지. 그래, 화학법정을 만들면 되는 거야. 그리고 그 법정에서의 판례들을 신문에 게재하면 사람들이 더 이상 다투지 않고 자신의 잘못을 인정하게 될 거야."

대통령은 매우 흡족해했다.

"그럼 국회에서 새로운 화학법을 만들어야 하지 않습니까?"

법무부 장관이 약간 불만족스러운 듯한 표정으로 말했다.

"화학적인 현상은 우리가 직접 관찰할 수 있습니다. 방귀도 화학적인 현상이지요. 그것은 누가 관찰하건 간에 같은 현상으로 보이게 됩니다. 그러므로 화학법정에서는 새로운 법을 만들 필요가 없습니다. 혹시 새로운 화학 이론이 나온다면 모를까……."

화학부 장관이 법무부 장관의 말을 반박했다.

"나도 화학을 좋아하긴 하지만, 방귀는 왜 뀌게 되고 왜 그런 냄새가 나는지는 모르겠어. 그러니까 화학법정을 만들면 이 같은 궁금증을 보다 쉽게 해결할 수 있지 않을까요?"

대통령은 벌써 화학법정을 두기로 결정한 것 같았다. 이렇게 해서 과학공화국에는 화학적으로 판결하는 화학법정이 만들어지게 되었다.

초대 화학법정의 판사는 화학에 대한 책을 많이 쓴 화학짱 박사가 맡게 되었다. 그리고 두 명의 변호사를 선발했는데 한 사람은 대학에서 화학을 전공했지만 정작 화학에 대해서는 잘 알지 못하는 40대의 화치 변호사였고, 다른 한 사람은 어릴 때부터 화학 영재 교육을 받은 화학 천재 케미 변호사였다.

이렇게 해서 과학공화국 사람들 사이에서 벌어지는 화학과 관련된 많은 사건들이 화학법정의 판결을 통해 깨끗하게 마무리될 수 있었다.

열화학에 관한 사건

제1장

종이 냄비

종이 냄비에 요리를 할 수 있다는 홈쇼핑 측의 광고는 허위 광고일까요?

"나무늬, 오늘도 사랑해!"

"네. 저도 사랑해요, 순재 씨, 우리 절대 변치 말아
용~."

순재와 무늬는 캠퍼스에서 소문난 닭살 커플이었다. 보는 사람들
마다 홍순재와 나무늬 커플을 부러워하고 질투했다.

"저것들은 왜 만날 저렇게 붙어 다닌데? 땀 안 난데?"

"그러게 말이야. 그래도 뭐 지지고 볶고 하는 것보다 저렇게 사이
좋은 게 보기 좋잖아? 난 재들 보니까 도리어 내가 행복해져서 웃
음이 다 나던데? 하하하!"

남들이야 뭐라 하든 홍순재와 나무늬 커플은 함께만 있으면 시간 가는 줄도 모르고 마냥 행복해했다. 그렇게 어느덧 시간이 흘러 순재와 무늬는 졸업을 했다.

대학 졸업 후 무늬는 패션 디자이너가 되었고, 라이벌 앙드레 송을 능가하기 위해 열심히 공부하고 일하면서 하루하루 최선을 다해 살았다. 한편 순재는 한의사가 되기 위한 시험을 몇 번이나 치렀지만 번번이 시험에 떨어져 좌절한 상태였다.

"내가 그러면 그렇지…… 나 같은 놈이 대체 뭘 할 수 있겠어?"

"순재 씨, 그런 말 하지 마세용. 순재 씨에겐 저 무늬가 있잖아요. 조금만 더 힘을 내어 봐용~."

"고마워, 무늬. 우리 무늬를 위해서라도 나 힘낼게."

그렇게 몇 년이 흘러 나무늬는 어느덧 앙드레 송과 어깨를 나란히 하고 패션쇼를 열 만큼 실력 있고 유명한 패션 디자이너가 되었다. 반면 순재는 아직도 한의사 시험에 합격하지 못하고 여전히 백수 생활을 하고 있었다.

"아니, 자기는 공부도 안 해? 두 눈에 불을 켜고 밤새워 공부를 해도 붙을까 말까인데 지금 뭐 하는 거야? 계속 PC방에만 처박혀 있을 거야?"

"나무늬, 너 패션 디자이너로 잘나간다고 나한테 그런 말 하는 게 아냐! 날 좀 내버려 둬! 내가 PC방엘 가든 뭘 하든 좀 내버려 두라고!"

사실 순재는 계속되는 낙방으로 이제는 아예 한의사 시험을 포기한 상태였고, 요즘은 내내 집에서 컴퓨터 게임을 하거나 PC방에 틀어박혀 있는 게 순재의 일상이었다.

"따르르릉! 순재 씨, 나 무늬야. 미안해, 우리 그만 헤어져. 난 이제 결혼할 나이인데 당신은 모아 둔 돈도, 안정된 직장도, 뭐 하나 있는 게 없잖아? 우리 그만 헤어져용. 안녕, 사랑했던 순재 씨……."

"무늬, 무늬! 제발 끊지 마! 내가 잘할게, 잘못했어. 내가 얼른 돈 모아서 당신한테 청혼할게. 무늬, 기다려 줘. 제발……."

"…… 띠띠띠……."

'아, 이럴 수가…… 이대로 무늬를 잃을 수는 없어. 어쩔 수 없지. 이제부터라도 정신 똑바로 차리고 빨리 돈을 모아야 해! 그런데 어떻게 하지? 시험에 붙을 자신은 없고…… 아유…….'

그때 막 순재의 눈에 들어오는 신문 광고가 있었다.

홈쇼핑 허위 광고 및 과대광고를 추방합시다. 홈쇼핑에서의 허위, 과대광고를 고발하신 분께는 포상금이 지급됩니다.

"바로 이거야! 얼른 홈쇼핑 채널을 틀어야지!"

그날부터 순재는 만날 텔레비전 앞에 앉아 홈쇼핑 방송을 보기 시작했다.

'음…… 저 휴대전화 광고도 과대광고인가? 아니야, 저건 아닌 것 같아. 그래 저 다이어트 약 광고, 왠지 저 광고가 의심스러운데?
하지만 확실한 게 아니라……'

　　라랄라라라~ 랄라라라~ 네, 안녕하세요. 여러분, 즐거운 시간 보내고
계신가요? 오늘 저희가 소개시켜 드릴 제품은 바로 우리 주부님들을 위한
제품입니다. 호호호! 우리 주부님들 지금 저희 방송 보고 계시지요? 우리
주부님들 댁에서 빨래하랴, 요리하랴, 설거지하랴 많이 힘드셨죠? 그렇다
고 우리 아이들이 어머님 말씀을 잘 듣는 것도 아니고, 정말 우리 주부님들
사실 너무 힘드세요. 저희가 그래서 우리 주부님들의 수고를 조금이나마
덜어 드리고자 이 제품을 들고 나왔습니다. 바로 종이로 만든 냄비인데요,
그동안 쇠 냄비, 스테인리스 냄비, 무거우셨죠? 이 종이 냄비는 새털처럼
가벼워서 찬장에서 꺼내거나 휴대하기가 너무 편해요. 그동안 주부님들,
무거운 냄비 드느라 저기 팔뚝 굵어진 것 좀 보세요. 세상에! 종구기 오빠
팔뚝이랑 비슷하네. 호호호! 지금 당장 바꾸세요. 종이로 만든 가벼운 냄비
에 끓인 맛있는 국을 맛보고 싶다면, 지금 당장 전화하세요!

　　"뭐? 종이로 만든 냄비? 진짜 웃기고 있다. 그래, 바로 이거야!
<u>흐흐흐</u>! 드디어 찾았군. 종이로 만든 냄비가 세상에 어디 있어? 설
사 있더라도 냄비를 종이로 만들면 분명 화재가 날 거야. 당장 화학
법정에 고발해야지. 무늬야, 조금만 기다려 줘!"

종이 냄비를 만들 때 얇은 종이를 사용하면
열이 전도되는 속도가 빨라 종이가 타지 않고
물을 끓일 수 있습니다.

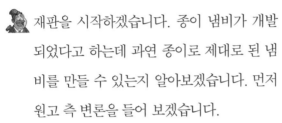

종이로 된 냄비가 제 역할을 할 수 있을까요?
화학법정에서 알아봅시다.

재판을 시작하겠습니다. 종이 냄비가 개발
되었다고 하는데 과연 종이로 제대로 된 냄
비를 만들 수 있는지 알아보겠습니다. 먼저
원고 측 변론을 들어 보겠습니다.

종이를 불에 가까이 가져가거나 열을 가하면 매우 쉽게 타서
재가 된다는 사실은 유치원생들도 모두 알고 있는 사실입니
다. 그런데 이 얇은 종이로 만든 냄비에 요리를 할 수 있다니
요? 이런 과대광고를 하는 홈쇼핑 측의 말을 대체 어떻게 믿
을 수 있겠습니까? 따라서 원고는 홈쇼핑 광고를 통해 마치
종이 냄비가 냄비로서 아무 문제도 없다는 식의 허위 광고를
했던 홈쇼핑 회사를 고발한 것입니다.

홈쇼핑 방송은 전 국민이 공중파를 통해 많은 사람들이 시청
하는 만큼 사실이 아닌 내용을 마치 사실처럼 보도하거나 허
위·과대광고를 하여 소비자들에게 피해를 입히는 일은 절대
로 있어서는 안 됩니다. 물론 피고 측에서 주장하는 종이 냄비
가 실제로 존재하는지에 대해서는 양측의 변론을 더 들어 보
고 판단을 내리겠습니다. 피고 측은 종이 냄비가 실제로 존재

한다고 주장하고 있는데요, 그 근거는 무엇입니까?

네, 종이 냄비는 현실적으로 충분히 제작 가능하며, 이 종이 냄비를 이용해 맛있는 요리도 만들어 먹을 수 있습니다.

종이로 냄비 모양은 만들 수 있겠지만, 이 종이 냄비를 이용해 요리까지 할 수 있다는 사실은 정말 놀라운데요, 이 원리에 대해 설명해 주실 수 있나요?

종이 냄비를 이용한 요리의 원리에 대해 알아보도록 하겠습니다. 열 연구소의 강화력 소장님을 증인으로 요청합니다.

증인 요청을 받아들이겠습니다.

빨간 모자를 쓴 50대 후반의 남성이 머리부터 발끝까지 붉은색 옷을 입고 양 볼은 빨갛게 익은 채 증인석에 앉았다.

얼굴과 온몸이 붉게 물들었군요.

방금 전까지 새롭게 개발 중인 연료 장치의 화력을 실험하고 오는 중이라 그렇습니다.

언제나 연구하시는 데 열심이시군요. 그럼 강화력 소장님, 종이 냄비에 대한 증언을 부탁드려도 될까요? 종이로 만든 냄비가 실제 냄비 역할을 할 수 있습니까?

물론입니다. 종이 냄비로도 충분히 물을 끓일 수 있고, 물이 끓는 종이 냄비에 여러 가지 음식 재료를 넣을 수 있기 때문에

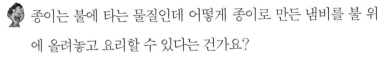

얼마든지 맛있는 요리를 할 수 있습니다.

종이는 불에 타는 물질인데 어떻게 종이로 만든 냄비를 불 위에 올려놓고 요리할 수 있다는 건가요?

실제로 종이는 그렇게 쉽게 불에 타지 않습니다. 종이는 약 232°C에서 연소합니다. 이것은 종이가 타기 위해 최소한으로 가열되어야 하는 온도이지요.

종이가 연소하기 위한 온도가 약 232°C라면, 물이 끓는 온도 100°C보다 훨씬 높은 온도네요.

맞습니다. 보통의 대기압에서 종이가 연소되는 온도는 물이 끓는 온도보다 훨씬 높습니다. 물의 비열이 매우 크기 때문에 얇지만 빳빳한 종이로 만들어진 뚜껑 없는 종이 냄비가 타지 않고 물을 끓일 수 있는 것입니다.

비열은 종이 냄비로 물을 끓이는 데 어떤 영향을 끼칩니까?

비열은 단위 질량을 가진 물체의 열용량으로 1g인 물체의 온도를 1°C 높이는 데 필요한 열량입니다. 일반적으로는 온도에 따라 변화하지만 기체일 때는 부피와 압력에 의해 변화하기도 하지요. 열량의 단위를 cal로 나타낼 때의 물의 비열은 1이 되는데, 이 값은 수소 등 일부 물질을 제외하면 예외 없이 큽니다. 특히 물이 많은 물질 가운데 온도 변화가 잘 일어나지 않는 물질이라는 것을 물의 비열을 통해 알 수 있습니다.

종이 냄비에 물을 담아 끓일 때 물이 끓으려면 종이가 타지 않는 상태에서 열이 종이를 거쳐 물에 전달돼야겠군요.

 전도란 물질의 이동 없이 열이 고온부에서 저온부로 전달되는 현상을 말합니다. 전도는 주로 고체의 내부에서 발생하는데 물질의 성질에 따라 전도되는 속도가 크게 차이 나며 이것을 열전도도로 표시하여 나타냅니다. 종이 냄비를 만들 때 얇은 종이를 사용하면 열이 빨리 전도되는 것을 도와 종이가 지나치게 가열되지 않도록 합니다. 즉 얇은 종이는 열이 전도되는 속도가 빨라 종이를 태우지 않고 물을 끓일 수 있는 것이지요. 이때 물이 모두 증발될 때까지 물의 온도는 $100°C$를 유지하게 됩니다.

 무겁고 비싼 쇠로 만든 냄비 대신 가볍고 저렴한 종이로 만든 냄비로도 맛있는 요리를 만들어 먹을 수 있겠군요. 홈쇼핑에서 판매하는 종이 냄비는 별 탈 없이 요리할 수 있을 만큼 충분히 판매 가능한 제품입니다. 원고 측은 종이 냄비에 대한 불신을 이제 그만 접어 주시기 바랍니다.

 종이로 냄비를 만드는 것이 불가능하다는 원고 측의 주장을

 칼로리

열량의 단위인 칼로리는 칼로릭(열소)이라는 단어에서 기원한 말이다. 옛날 사람들은 뜨거운 물체에서 차가운 물체로 열을 가진 작은 알갱이인 열소가 이동한다고 생각했다. 하지만 그 후 열은 에너지의 일종이라는 것이 줄에 의해 알려지면서 열소의 아이디어는 사라졌다. 국제 도량형 위원회의 규정에 의하면 1칼로리는 약 4.1855줄(J)에 해당한다.

뒤엎고 피고 측은 종이 냄비가 냄비로서의 역할을 충분히 해낼 수 있다는 사실을 입증했습니다. 따라서 피고 측의 홈쇼핑 광고는 허위 광고라고 할 수 없습니다. 이 시간 이후 종이 냄비의 실용성을 인정하겠습니다. 이상으로 재판을 마치겠습니다.

재판이 끝난 뒤, 홍순재는 홈쇼핑 회사 측에 사과했다. 그리고 생각보다 허위·과대광고를 찾는 게 어렵다는 사실을 뼈저리게 느낀 홍순재는 다시 한의사 시험공부나 열심히 해야겠다고 다짐했다.

냄비를 눌러야죠

나성질의 급한 성격을 만족시킬 만큼 라면 물을 빨리 끓이는 방법이 있을까요?

나성질은 어릴 적부터 성격이 급하기로 유명했다.

"엄마, 점심 주세요. 저 얼른 나가서 놀아야 해요.
빨리 밥 좀 주세요."

"지금? 성질아, 엄마 이제 쌀 씻는 중이야. 어차피 친구들 밖에서

놀고 있으니까 넌 조금만 기다렸다가 점심 먹고 나가렴."

"아, 안 돼요. 기다리기 싫어요! 에잇, 우걱우걱!"

"어머, 나성질! 그렇다고 생쌀을 그렇게 씹어 먹으면 어떡해!"

"몰라요, 아무튼 저 나가 놀아요!"

이처럼 성질이는 어렸을 적부터 성격이 워낙 급한 탓에 기다리는

일은 도통 참지를 못했다. 참을성이 없던 성질이는 학교에서도 선생님들께 혼나기 일쑤였다. 운동회 때의 일이었다. 성질이는 달리기를 잘해 반 대표 이어달리기 주자로 뛰게 되었다.

"성질아, 선생님이 부탁 하나만 하자이. 꼭 바톤을 넘겨받고 뛰어야 하는 기라! 성질이는 달리기는 너무 잘하는데 성격이 급해서 선생님이 걱정이다 마. 꼭 바톤을 받고 뛰그래이."

"네, 드디어 운동회의 마지막을 장식할 이어달리기 경기가 곧 시작됩니다. 이어달리기 참가자들은 조회대 앞으로 모여 주시기 바랍니다."

방송을 들은 성질이는 벌써 조회대 앞으로 가서 다른 참가자들을 기다리고 있었다.

'흥! 다들 나한테는 상대가 안 되지. 후후후~.'

각 반을 대표하는 이어달리기 주자 학생들은 각자가 출발할 지점으로 가서 자리를 잡았다. 세 번째 주자로 뛰게 된 성질이도 지정된 자리로 가서 준비 자세를 취했다.

"준비, 시작! 띠용~!"

각 반의 대표 주자들이 달리기 시작했다. 성질이 반의 첫 번째 주자도 열심히 달렸다. 그런데 첫 번째 주자가 두 번째 주자에게 바톤을 넘겨주는 순간!

"아, 이게 무슨 일입니까? 저…… 저기 저 학생, 대체 몇 반입니까? 자기 차례도 아닌데 앞으로 달려 나가고 있군요!"

이때 운동장에 모여 있던 모든 이들의 시선이 집중되는 곳이 있었으니, 바로 성질이에게로였다.

'으악~ 기다리는 건 너무 답답해. 더는 못 기다려!'

그런 생각이 들자 바로 달리기 시작한 성질이는 그길로 담임선생님에게 붙들려 교무실로 끌려갔다.

"아, 이놈의 자식아! 그렇게 참으라고 신신당부를 했는데, 너는 우예 자식이 그렇게 성질이 급하노? 네는 벌로 한 달 동안 저쪽에 운동장 서쪽에 있는 화장실 청소를 혼자서 다 하그래이. 성격이 급하니 아마 네는 후딱 해치우겠제?"

성질이는 이렇듯 급한 성격 때문에 많은 고초를 겪었지만 성인이 되어서도 급한 성질은 크게 나아지지 않았다. 그렇게 어느덧 성질이는 서른다섯 살의 노총각이 되었다.

"엄마, 또 선보라고? 아유, 알았어. 몇 시에 어디로 나가면 돼?"

"아이고, 성질아! 이번에는 제발 좀 잘해 봐라, 제발. 이 엄마 소원이야. 인물도 잘생긴 네가 왜 번번이 딱지를 맞느냔 말이야!"

"그걸 내가 어떻게 알아? 에잇!"

그렇게 성질이는 또다시 선을 보게 되었다. 벌써 수차례 보는 선이라 이제는 별로 떨리지도 않았다. 약속 장소인 '코피 카페'로 들어선 순간, 아뿔싸! 창가 쪽 테이블 의자에 앉아 햇살을 받고 있는 그녀는 너무나 아름다웠던 것이다. 성질이의 가슴이 두근두근 뛰기 시작했다.

 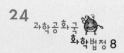

"저…… 저기, 혹시…… 오늘 선보러……?"

"아, 네. 안녕하세요, 성질 씨 되세요? 저는 조미녀라고 해요. 어서 앉으세요."

성질이는 떨리는 마음으로 미녀의 앞에 앉았다.

"저, 주문하시겠어요?"

"아, 저는 코…… 코피로 주세요."

좀처럼 말을 더듬지 않고 총알처럼 따다다 말하는 성질이었지만 그녀 앞에 앉으니 도무지 가슴이 떨려서 절로 말문이 막혔다.

"코피요? 호호호! 코피를 어떻게 마셔요? 커피 말씀이시죠? 여기 커피 두 잔이요. 저…… 성질 씨라고 하셨죠? 나이는 어떻게……."

둘은 서로를 소개하기 시작했고 그사이 찻잔이 그들 앞에 놓여졌다.

"앗, 뜨…… 뜨거워! 앗, 뜨거워! 으악, 입이야!"

테이블에 찻잔이 놓이자마자 성격이 급한 성질이는 급한 마음에 커피를 벌컥벌컥 들이마셨고 너무 뜨거워서 소리를 내질렀다.

"어머, 성질 씨, 안 다치셨어요? 이를 어째…… 여기 얼른 찬물 좀 드세요."

성질이는 또다시 찬물을 벌컥벌컥 들이켰다. 그러면서 자신을 걱정하고 챙겨 주는 미녀의 따뜻한 배려에 더욱더 그녀에게 빠져들고 있었다.

"그런데 성질 씨, 나이가 어떻게 되세요?"

"아, 저는 53세…… 아니, 35세입니다. 미녀 씨, 우리 결혼합시다!"

성질은 느닷없이 미녀의 손을 움켜잡고 청혼을 했다.

"어머, 성질 씨 미쳤어요? 우린 만난 지 10분밖에 안 되었다고요!"

"괜찮습니다. 우리 당장 결혼해요!"

"어머, 이 사람 미쳤나 봐. 이거 놔요, 당장!"

그렇게 미녀는 성질이의 손을 뿌리치고 카페 밖으로 뛰쳐나갔다. 이처럼 성질이는 급한 성격 때문에 번번이 맞선에 실패했고 그날 역시 미녀에게 거절당하고 힘이 빠져 터덜터덜 집으로 걸어왔다.

'에잇, 배고파. 라면이나 먹어야겠다.'

"엄마~ 저 당장 라면 하나만 끓여 줘요. 선은 완전 망쳤어. 어라, 안 계시나? 어? 오늘은 일하시는 아주머니가 오셨네. 저희 엄마는요?"

"사모님은 지금 김 기사랑 같이 외출 중이세요. 라면 끓여 드릴까요?"

"네, 그럼 아주머니께서 지금 당장 라면 하나만 끓여 주세요, 파송송 계란 탁 넣으시고요!"

그런데 성질이가 아주머니에게 라면을 끓여 달라고 부탁한 지 1분이 채 되기도 전에 주방으로 뛰어 들어오는 게 아닌가!

"아이고 배고파. 라면 이제 다 되었어요?"

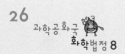

"아니, 아직 물도 끓지 않았어요."

"뭐요? 아줌마, 아직도 물이 안 끓었다고요? 이거 아줌마가 게으름 피운 거 아니에요? 아이고 성질이 배고파 죽네, 죽어. 아줌마 빨리 라면 주세요, 당장!"

"아니, 물이 끓어야 라면을 넣죠. 조금만 기다리세요."

그러나 성질이는 바로 10초 뒤에 다시 주방으로 뛰어왔다.

"이젠 라면 다 되었죠?"

"아니, 아직 물이 덜 끓었어요."

"뭐야? 이 아줌마, 물 하나도 빨리 못 끓여요? 당장 해고예요! 엄마는 뭐 이런 아줌마를 쓰지?"

"해고라고요? 물이 빨리 안 끓는 것을 나보고 어떡하란 말이에요?"

"그럼 빨리 끓이면 되지요. 왜 빨리 못 끓여요? 어쨌든 아줌마는 해고예요. 당장 나가요! 아니 나갈 때 나가더라도 라면은 마저 끓여 놓고 나가요!"

"뭐야? 해고? 나가라고? 나이도 어린 게 어디서 성격만 급해 가지고. 야, 나성질! 너 고소해 버리겠어. 물이 안 끓는 걸 대체 어쩌란 말이야!"

가스레인지 위의 냄비 손잡이를 잡고 아래로 꾹 누르면
냄비의 바닥과 가스레인지 사이가 더 밀착되면서
열의 전도가 더 잘 일어나서 물이 빨리 끓게 됩니다.

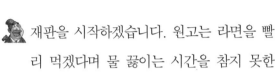

어떻게 하면 라면을 빨리 끓일 수 있을까요?
화학법정에서 알아봅시다.

재판을 시작하겠습니다. 원고는 라면을 빨리 먹겠다며 물 끓이는 시간을 참지 못한 피고를 고소했습니다. 누구의 잘못이 큰지 알아보겠습니다. 원고 측 변론하십시오.

라면을 먹고 싶어 하는 피고를 위해 원고는 라면을 끓였습니다. 하지만 물은 피고의 성격을 만족시킬 만큼 빨리 끓지 않습니다. 성격 급한 피고는 이것을 빌미로 원고를 해고하겠다고 하지만 물이 빨리 끓지 않아 라면을 빨리 끓이지 못한 것은 원고의 잘못이라고 인정할 수 없습니다. 화력을 가장 세게 해도 라면을 끓이는 데는 5분 정도의 시간이 걸립니다. 원고가 라면을 빨리 끓이지 못하는 게 아니라 피고의 성질이 너무 급한 게 아닐까요? 따라서 원고가 해고될 이유는 전혀 없습니다.

라면을 끓이는 데 걸리는 시간은 밥이나 떡을 만드는 시간에 비하면 정말 얼마 되지 않는데 그 짧은 순간을 기다리지 못하는 피고에게도 문제는 있는 것 같군요. 그렇다면 라면을 빨리 끓이지 못한 원고의 잘못은 없을까요? 피고 측의 주장을 들어 보겠습니다.

🗣️ 피고의 성격이 절대로 느긋하다고는 말할 수 없습니다. 하지만 원고는 라면을 끓이는 시간을 좀 더 줄일 수 있지 않았을까요? 라면을 조금만 더 빨리 끓였다면 피고로부터 해고되지 않았을 겁니다.

🗣️ 물이 빨리 끓지 않는 것은 원고의 책임이 아니라고요.

🗣️ 원고는 물을 조금 더 빨리 끓일 수 있었습니다.

🗣️ 원고 측에서는 화력을 최대로 했다고 하는데요, 물을 더 빨리 끓이는 방법이라도 있습니까?

🗣️ 물을 더 빨리 끓이는 방법을 설명해 주실 분을 모셨습니다. 화력 연구소의 불덩이 소장님을 증인으로 요청합니다.

🗣️ 증인 요청을 받아들이겠습니다.

양손에 성냥을 켠 채 법정으로 들어선 50대 후반의 남성이 불꽃이 다 타 들어가기 전에 재빠르게 증인석에 앉았다.

🗣️ 피고의 급한 성격을 감당할 수 있을 만큼 원고가 라면을 더 빨리 끓일 수 있는 방법은 없었을까요?

🗣️ 물을 더 빨리 끓게 하는 간단한 방법을 통해 라면을 빨리 끓일 수 있습니다.

🗣️ 물 끓이는 시간을 단축할 수 있는 방법이 뭡니까?

🗣️ 먼저 냄비의 손잡이를 두 손으로 잡습니다. 그런 다음 냄비를

손으로 꾹 누르면 물이 훨씬 빨리 끓게 됩니다. 물론 냄비를 잡을 때는 냄비의 손잡이가 뜨겁기 때문에 절대로 맨손으로 붙잡으면 안 되고 행주나 두툼한 면장갑을 착용하는 게 필수입니다.

 냄비를 손으로 누르는 이유는 무엇입니까?

 가스레인지 위에 냄비를 올린 다음 냄비를 아래로 꾹 누르면 냄비의 바닥과 가스레인지 사이가 더 밀착됩니다. 이렇게 해서 냄비가 가스레인지에 많이 밀착될수록 열의 전도가 더 잘 일어나 훨씬 빨리 열이 전달되므로 물이 빨리 끓게 되는 것입니다. 또 다른 한 가지 방법은 냄비의 뚜껑을 누르면 압력이 커지게 되는데 압력이 증가할수록 물은 더 빨리 끓게 됩니다.

 아주머니가 물을 더 빨리 끓일 수도 있었군요. 물이 빨리 끓어 라면을 더 빨리 완성할 수 있었다면 성질 급한 피고에게 해고당하지 않았을지도 모르겠네요. 피고의 성격이 급한 것도 문제지만 충분히 가능한 일을 불가능한 일처럼 간주했던 아주머니에게도 잘못이 있습니다. 이번 일은 아주머니에게도 책임이 있고 피고와 아주머니의 성격이 서로 맞지 않기 때문에 피고는 아주머니를 해고할 권리가 있습니다.

 라면을 빨리 끓이지 못한 것은 물이 빨리 끓지 않았기 때문이라는 원고의 주장도 충분히 설득력이 있습니다. 하지만 변론을 통해 알 수 있듯이 물을 빨리 끓일 수 있는 방법도 있었군요. 따라서 라면을 빨리 끓이지 못한 원고의 책임도 일부 인정되므로 피고는 고용인으로서 원고를 해고할 권리가 있다고 사료됩니다. 또한 피고와 원고의 사이가 좋지 않으니 피고는 다른 아주머니를 새로 고용하고 원고는 다른 집에서 일을 하는 게 더 좋을 것 같네요. 서로에게 더 좋은 방법이 어떤 것일지 생각해 보십시오. 다만, 피고는 본인의 급한 성격을 차차 고쳐 나갈 것을 제안하고 싶군요. 이상으로 재판을 마치겠습니다.

재판이 끝난 후, 라면을 빨리 끓이지 못했다는 이유로 나성질이 아줌마를 해고시키려 하자 나성질의 엄마는 말도 안 되는 소리라면서 아줌마의 해고를 취소했다. 나성질의 엄마는 아줌마가 워낙에 일을 잘해서 절대 해고할 수 없다고 강하게 주장했다. 결국 나성질은 조금 시간이 걸리더라도 아줌마가 끓여 주는 라면을 먹어야 했고, 매번 라면이 끓는 시간을 기다려야 했던 나성질의 급한 성격도 점점 기다리는 것에 익숙해져 갔다.

 열전도율

열이 물체 속에서 얼마나 빠르게 전도되는가를 나타내는 값을 열전도율이라고 한다. 열전도율이 높을수록 열의 전도가 잘 일어나며 일반적으로 금속은 비금속 화합물에 비해 열전도율이 높다.

얼음을 절대 녹이면 안 돼!

천진이의 아빠는 얼음 천천히 녹이기 대회에서 우승해
500만 달란의 상금을 거머쥘 수 있을까요?

"와우~ 여름이다! 빨리 떠나자~ 랄랄랄라 바다로
~ 산으로~ 랄랄랄라~."

"어머, 우리 천진이 너무 좋아하는 거 아니니?"

"응, 엄마. 너무 좋아! 우리 올해 들어서 가족끼리 처음 놀러 가
는 거잖아. 헤헤! 엄마, 내 튜브랑 물안경 챙겼어? 아, 그리고 내 땡
땡이 수영복도 챙겼어?"

"당연하지, 우리 천진이한테 필요한 건 다 챙겼단다. 엄마도 모
처럼 놀러 간다고 어제 선글라스 샀지롱. 호호호, 엄마 어때? 영화
배우 같지 않니?"

"영화배우? 그, 그건…… 아닌데……."

"뭐야!"

"아냐, 우리 엄마가 세상에서 제일 예쁘지요. 아암, 그렇고 말고요. 근데 엄마, 빨리 출발해야 하는데 아빠는 왜 안 와?"

"그러게…… 아빠가 왜 이렇게 늦지? 엄마가 아빠한테 빨리 오라고 전화해 볼게. 우리 천진이 조금만 기다려요."

뚜르르…… 뚜르르…… 뚜르르!

"여보세요?"

"달링~ 어디예요? 우린 준비 다 마치고 기다리고 있는데. 달링, 왜 안 와요?"

"응, 준비 다 하고 기다리고 있어? 미안, 바로 앞이니까 얼른 나와. 빵빵! 차 클렉션 소리 안 들려?"

"아, 들려요. 달링~ 우리 지금 당장 나갈게요. 천진아, 아빠 오셨대. 얼른 짐 들고 나가자. 호호호!"

"진짜? 아싸! 이제 출발이다! 와우~ 여름이다! 빨리 떠나자~ 랄랄랄라 바다로~ 산으로~ 랄랄랄라~ 아빠, 얼른 출발해요!"

"허허허, 그 녀석. 그렇게 좋냐? 좋아, 그럼 달운대로 출발이다!"

그렇게 천진이네 가족은 두 시간 동안 고속도로를 달려 달운대에 도착했다.

"우아, 저 사람들 좀 봐. 개미 떼 같아. 저게 다 사람 맞아? 엄마, 나도 당장 수영복으로 갈아입고 바다로 뛰어들래!"

"호호호, 그러렴."

"응, 그럼 나 먼저 바다로 달려간다. 야호!"

"기다려, 천진이 이 녀석 아무리 급해도 그렇지…… 아빠랑 같이 가자!"

천진이는 너무나 신이 나서 헐레벌떡 바다로 달려갔다. 천진이가 기뻐하는 모습을 지켜보는 천진이 부모님의 마음도 덩달아 행복해졌다.

"아빠, 아빠~ 내가 다이빙해 볼게. 봐요."

"안 돼, 이 녀석아. 위험해! 하지 마."

"하나, 둘, 셋! 슝~."

그렇게 천진이는 낮은 바위로 올라가서 다이빙을 했다.

"헤헤, 아빠 놀랐지? 너무 재미있어요. 우아~ 너무 좋다. 근데 아빠 표정이 왜 그래요?"

"천, 천진아. 네 수영복이……."

"내 수영복? 내 수영복이 왜? 으악!"

자신의 수영복을 내려다본 천진이는 비명을 지를 수밖에 없었다.

"으악, 내 수영복 어디 갔어? 으앙…… 아빠!"

천진이는 급히 바다 속으로 몸을 숨겼다.

"아빠, 나 이제 어떻게 나가요?"

"아유, 이를 어쩌니? 차를 멀리 세워 놓아서 네 옷을 가지러 갈 수도 없고…… 오호, 거기 미역이 있네. 미역을 네 몸에 둘둘 감고 얼른 나와. 계속 그렇게 물속에만 있을 수는 없잖니."

"뭐, 미역을요? 으앙…… 알았어요."

천진이는 우선 급한 곳부터 미역으로 가리고 물 밖으로 나왔다.

"뭐야? 쟤 미역 인간이야? 하하하!"

"우하하! 저게 뭐야, 얼레리 꼴레리~."

천진이는 너무나 부끄러운 나머지 미역을 몸에 감은 채 후다닥 뛰쳐나왔다.

"아빠, 나 샤워장에 가 있을게요. 얼른 옷 갖고 좀 와 줘요."

"그래, 천진아. 샤워장에 가 있으렴. 얼른 옷 들고 오마."

아빠의 말이 떨어지기가 무섭게 천진이는 샤워장으로 뛰어갔고 사람들은 여전히 그런 천진이를 보며 웃고 있었다.

"천진이에게 빨리 옷을 가져다줘야겠어. 그런데 천진이 엄마는 도대체 어디에 있는 거야?"

아빠는 서둘러 차로 뛰어갔다. 그런데 차로 가던 중 어떤 이글루 모양 건물 앞에 많은 사람들이 모여 있는 게 눈에 들어왔다.

"웬 사람들이 저렇게 많아? 거 참, 무슨 이벤트라도 하나?"

"어머, 달링~!"

"어라? 당신 여기서 대체 뭐 하고 있었어? 지금 천진이한테 무슨 일이 일어났는지 알기나 해?"

"천진이가 왜요? 그것보다 여보, 지금 여기서 이벤트를 하는데, 세상에! 상금이 500만 달란이래요."

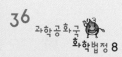

"뭐? 500만 달란? 도대체 어떤 행사이기에 500만 달란이나 줘?"

천진이 아빠는 상금이 500만 달란이라는 아내의 말에 샤워장에서 자신을 애타게 기다리고 있을 천진이를 그만 잊고 말았다.

"저 건물 안에 얼음이 가득 차 있는데 얼음을 조금이라도 덜 녹게 하는 사람한테 상금을 준대요. 여보, 당신이 한번 해 봐요."

"내가? 음…… 내가 급히 볼 일이 있었는데 그게 뭐였더라…… 뭔가 급한 일이…… 500만 달란이라…… 그래, 내가 해 보지! 여기 지원자 있습니다."

그렇게 천진이 아빠는 건물 안으로 들어갔다. 하지만 따갑게 내리쬐는 땡볕 탓에 건물 안의 얼음을 녹지 않게 할 방법을 도무지 찾을 수가 없었다. 천진이 아빠는 어쩔 수 없이 점점 녹아가는 얼음을 가만히 지켜보다가 밖으로 나와 이벤트 진행자에게 소리쳤다.

"이거 사기 아니야? 어떻게 저 얼음들이 녹는 걸 막을 수 있겠어? 사람들을 골탕 먹이려고 작정한 일이 틀림없어! 내가 당신들을 신고하고 말 테야!"

더운 여름날 땡볕 아래 얼음 덩어리가 있을 때,
옷을 얼음 위에 덮어 두면 주위의 더운 열이 얼음으로
이동하는 것을 차단시켜 얼음이 빨리 녹는 것을 막아 줍니다.

얼음을 최대한 녹지 않게 하는 방법은 뭘까요?
화학법정에서 알아봅시다.

재판을 시작하겠습니다. 얼음을 최대한 천천히 녹게 하는 사람에게 상금이 돌아가는 이벤트가 열렸다고 합니다. 그런데 이번 사건은 이벤트 참가자가 주최 측을 고소한 사건이군요. 원고 측에서 이벤트 주최 측을 고소한 이유가 뭡니까? 원고 측 변론하십시오.

얼음을 최대한 천천히 녹게 하는 건 애초에 불가능한 이벤트입니다. 햇볕이 쨍쨍 내리쬐는 무더운 여름날에 얼음이 천천히 녹아 봤자 얼마나 천천히 녹을 것이며 설령 그런 방법이 있더라도 결국엔 무더운 여름 날씨를 견딜 수 없을 것입니다. 따라서 이번 이벤트는 정상적인 행사라고 할 수 없습니다. 상금을 높게 책정한 것은 사람들의 관심을 끌기 위한 장삿속에 불과합니다. 이벤트를 개최한 주최 측에 더 이상 무고한 사람들을 속이는 행위를 하지 말도록 경고해야 합니다.

여름에 개최한 이벤트로는 나름대로 아이디어가 좋은 것 같지만 원고 측의 변론을 들어 보면 원고가 고소하게 된 이유도 타당한 듯 보입니다. 그렇다면 정말로 무더운 여름 날씨에도 불구하고 얼음을 최대한 녹지 않게 하는 방법은 없는 걸까요? 피고 측 변론을 들어 보겠습니다.

여름에 더운 것은 당연한 일입니다. 그러한 더위를 잠시나마 잊게 해 주는 이벤트는 의미 있는 행사라고 할 수 있지요. 원고의 주장처럼 더운 여름에는 아무래도 얼음이 빨리 녹을 수밖에 없습니다. 하지만 얼음을 조금이라도 천천히 녹게 했다면 이번 이벤트에서 우승할 수 있었습니다.

얼음을 최대한 천천히 녹일 수 있는 방법이 있습니까?

물론입니다. 누가 더 얼음을 최대한 오랫동안 녹지 않게 남겨 두냐는 게임이었으므로 더운 여름의 뜨거운 열기로부터 얼음을 차단시키는 방법을 이용하면 효과를 볼 수 있었습니다. 얼음을 고체 상태로 오랫동안 유지하는 방법에 대해 설명해 주실 얼음 연구소의 최싸늘 박사님을 증인으로 요청합니다.

증인 요청을 받아들이겠습니다.

얼음 모자를 쓴 40대 후반의 남성이 고드름을 양손에 들고 감기에 걸린 듯 재채기를 하며 증인석에 앉았다.

얼음이 녹는 것을 방지하는 방법은 여러 가지가 있습니다. 아이스박스나 냉동실에 얼음을 넣어 두면 간단하지요. 하지만 이런 방법 외에 얼음을 최대한 녹지 않게 하는 방법이 있

습니까?

물론 있습니다. 단순히 이벤트에 참가한 사람들의 몸에 있는 소지품 정도를 사용하여 얼음을 최대한 녹지 않게 유지하는 방법은 옷을 이용하는 것입니다.

옷이 얼음을 천천히 녹도록 하는 데 도움이 됩니까?

그렇습니다. 옷을 벗어서 얼음 위에 덮는 방법이 최선의 방법이라고 할 수 있습니다.

얼음 위에 옷을 덮으면 얼음이 고체 상태를 유지하는 데 왜 도움이 되나요?

더운 날의 온도는 당연히 높습니다. 이때의 열은 항상 높은 곳에서 낮은 곳으로 이동하므로 주위의 높은 열이 얼음에 침투하여 얼음을 녹이게 됩니다. 하지만 옷을 얼음 위에 덮어 두면 옷이 열을 잘 통하지 못하게 하는 역할을 합니다. 그러니까 한마디로 옷은 주위의 더운 열이 얼음으로 이동하는 것을 막아 주는 역할을 해서 얼음이 빨리 녹지 않도록 도움을 주는 것이지요.

사람들을 많은 돈으로 유혹하거나 골탕 먹이는 이벤트는 정말 나쁜 행사입니다. 하지만 정상적인 방법으로 사람들의 더위를 날려 주기 위한 얼음 이벤트를 개최한 것은 좋은 의미의 이벤트라고 할 수 있습니다. 게다가 아무리 더운 여름이라도 얼음이 더 잘 녹는다거나 덜 녹게 되는 환경의 차이에 따라 얼음이 녹는 속도는 당연히 달라질 것입니다. 이때 특별한 장치 없이 얼음을 최대한 오랫동안 녹지 않게 하는 방법은 착용 중인 옷을 이용하는 것입니다. 옷을 얼음 위에 덮어 두면 뜨거운 열로부터 얼음으로 향하는 열의 출입을 막아 얼음이 녹는 것을 지연시킵니다. 따라서 원고의 주장처럼 이번 이벤트는 불가능하다거나 사람들을 골탕 먹이려는 행사가 아니라 더위에 지친 많은 사람들에게 즐거움을 주고 얼음을 천천히 녹이는 지혜까지 알려 주는 유익한 이벤트였던 것이지요.

 증인의 증언과 피고 측 변호사의 변론을 들어 본 결과 이번 이벤트의 목적이 좋은 취지에서 이루어졌다는 것을 알 수 있습니다. 더운 여름날 얼음을 가능한 오랫동안 보관하는 것은 매우 유익한 일이며 간편하게 착용하던 옷을 이용하여 얼음을 천천히 녹일 수 있다는 정보를 제공하는 것 역시 매우 유용하군요. 원고 측은 이번 이벤트의 취지에 관한 오해를 풀도록 하십시오. 이상으로 재판을 마치겠습니다.

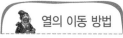

열의 이동 방법

열이 뜨거운 물질에서 차가운 물질로 이동하는 방법에는 전도, 대류, 복사로 세 가지가 있다. 전도는 주로 고체 물질에서 이루어지고, 대류는 액체나 기체 물질에서 발생한다. 그러나 복사에 의해 열이 이동하는 데는 물질이 관여하지 않는다.

재판이 끝난 뒤, 천진이 아버지는 이벤트가 사기라고 말한 것에 대해 주최 측에 사과했다. 그제서야 천진이에게 옷을 가져다주기로 했던 게 떠오른 천진이 아버지는 재빨리 옷을 갖고 천진이에게 갔다. 그러나 오랫동안 옷을 벗고 떨어야 했던 천진이는 이미 감기에 걸린 후였다.

물행주와 마른행주로 냄비 잡기

뜨겁 군은 친구 마른 군이 뜨거운 냄비를 잡으려 할 때
물행주와 마른행주 중 무엇을 줘야 할까요?

시원한 바람이 부는 어느 날이었다. 뜨겁 군과 마른
군은 시원한 바람이 불자 농구 경기가 하고 싶어졌
다. 마른 군은 마른 체형에 워낙 농구를 잘하던 아
이였다. 지난번 농구 시합에서도 대표 선수로 뛴 적이 있을 뿐더러
친구들 사이에서 빠른 스피드로 유명한 아이였다.

"자, 시작해 볼까? 야, 한번 뺏어 봐. 먼저 한 골을 넣는 사람이
이기는 거다."

"오케이! 잔말 말고 얼른 골이나 넣어 보시지. 네 공은 눈을 감고
도 뺏을 수 있어. 으하하!"

뜨겁 군은 항상 근거 없는 자신감으로 가득 차 있는 아이였다. 하지만 뜨겁 군도 농구 시합에서 자신만만하게 굴 수 있는 비장의 무기가 있었으니, 그것은 바로 묵직한 체중이었다. 뜨겁 군이 상대방을 밀치면 그 누구도 뜨겁 군을 막아설 수 없었다. 뜨겁 군의 몸무게는 자그마치 90kg을 웃돌았기 때문이다. 마른 군의 공격이 먼저 시작되었다.

"탁탁탁! 슈웅~ 날쌘 내 공격을 받아라! 휘리리리릭~ 철썩~ 골!"

마른 군이 공격하자 농구공이 불새처럼 날아가 링 안으로 정확하게 들어갔다. 뜨겁 군은 자신의 무거운 체중만 철석같이 믿고 자만하다가 속수무책으로 당했던 것이다.

"햇볕이 너무 뜨거워서 몸이 제대로 안 움직여."

"하하하! 핑계 대지 마. 뜨겁이 넌 연습 좀 더 하고 나랑 붙어야 될 것 같은데? 후훗!"

"노노노, 한판 더 붙어!"

"오케이, 좋지!"

마른이는 뜨겁이에게 한 수 가르쳐 주겠다면서 몸을 오른쪽 왼쪽으로 비틀어 현란한 바운딩을 선보인 뒤 가소롭다는 듯이 뜨겁이에게 한마디를 던졌다.

"친구야, 농구를 하려면 일단 네 그 어마어마한 살부터 빼야겠다. 하하하!"

"농구랑 내 살이랑 무슨 상관이 있어! 농구는 기술이야. 그리고

넌 절대로 한 덩치 하는 나를 넘어설 수 없을걸? 후후후! 조금 전에
는 잠시 방심했던 것뿐이야!"

"으악~ 꽈당!"

이때 마른 군이 너무 격하게 바운딩을 하는 바람에 그만 돌에 걸
려 넘어지고 말았고, 공은 뜨겁 군에게로 넘어갔다.

"오우~ 좋아! 이번엔 내 차례다!"

이때다 싶었던 뜨겁 군 역시 나름 현란한 몸동작을 보이며 덩크
슛 한 방으로 경기를 제압하는 듯했다. 그러나 역시 마른 군의 스피
드는 따라잡을 수가 없었다. 90kg의 육중한 몸이 그의 움직임을 둔
하게 만들었기 때문이다.

"에잇, 내 거대한 덩치를 한번 막아 봐라!"

계속해서 덩치로만 밀어붙이는 뜨겁 군의 공을 이번에도 마른 군
이 잽싸게 빼내었다.

"하하하! 나의 공격을 받아라! 휘리리릭~ 슈웅!"

마른이가 던진 공은 마치 독수리의 물결치는 날갯짓 형상으로 날
아올랐다.

"통통통!"

마른 군의 공이 아쉽게도 링 대를 맞고 튕겨 나왔다. 마치 목숨이
라도 건 혈투처럼 농구 시합은 숨 가쁘게 진행되었다. 이번에는 뜨
겁 군도 마른 군이 갖고 있던 공을 빼앗아 힘차게 리바운드를 했다.

"휘리리리릭~."

 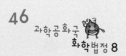

뜨겁 군의 공이 생선을 발견한 고양이처럼 골대를 향해 무섭게 질주하기 시작했다. 그러나 역시 공이 골대 안으로 들어가지 못하고 튕겨 나왔다.

"에잇, 아까워!"

골대를 맞고 튕겨져 나오는 공을 이번에는 마른이가 쏜살같은 스피드로 리바운드한 뒤 마치 마이클 자던을 연상시키는 듯한 덩크슛을 해내었다.

"골, 골! 으하하! 뜨겁아, 너는 나한텐 안 돼! 살부터 빼고 오지 그러냐? 으하하!"

마침 체력이 다한 뜨겁 군은 너무 지친 나머지 그만 그 자리에 주저앉고 말았다.

"흑흑…… 두고 보자! 다음번에는 꼭 이기고야 말겠어!"

"마음대로 하세요. 으하하!"

마른 군이 콧노래를 흥얼거리면서 가뿐한 마음으로 자취방으로 향한 반면 경기 탓에 힘에 부쳤던 뜨겁 군은 겨우 몸을 일으켜 집으로 갔다. 둘은 자취방으로 들어서자마자 너무나 배가 고픈 나머지 배 속에서 우르르 꽝꽝 꼬르륵 하는 소리가 나기 시작했다.

"마른아, 너무너무 배고픈데…… 뭐 먹을 것 없냐?"

"으이구, 누가 뚱보 아니랄까 봐 그깟 운동 좀 했다고 먹을 것부터 찾니? 먹을 거라곤 라면밖에 더 있겠냐? 이 가난한 자취방에!"

"아…… 라면 먹으면 살찌는데…… 에잇! 배고프니 어쩔 수 없지, 머. 라면이라도 끓여 먹자."

"그래? 그럼 내가 농구 시합에서 이긴 기념으로 맛있게 끓여 주지, 머. 하하하!"

"쳇, 그래! 우승자 마른이 네가 맛있게 라면을 끓여서 내 앞에 대령하시오. 후훗!"

그렇게 둘은 맛있는 라면을 먹기 위해 가스레인지의 불을 켜고 냄비에 물을 넣어 물이 끓기만을 애타게 기다렸다.

"아, 배고파 죽겠는데 왜 이렇게 물이 안 끓는 거야…… 아우~ 배고파!"

"조금만 기다려. 으이구, 방금 물을 올렸는데 물이 바로 끓겠니? 허허, 참 성질도 급하긴!"

얼마 지나지 않아 냄비 속 물이 라면을 빨리 넣어 달라는 듯이 보글보글 끓기 시작했다.

"야, 빨리 라면 넣어. 배고파서 기절하겠다."

"라면 들어갑니다요, 일곱 개면 되겠지?"

"너 한 개밖에 안 먹을 거야? 나는 혼자서 여섯 개는 먹어야 될 것 같은데…… 으흐흐!"

"세상에! 이 뚱보, 라면 여섯 개를 너 혼자서 해치운다고? 오 마이 갓!"

"응, 라면 여섯 개 먹고 국물에 밥까지 말아 먹을 건데, 왜?"

"으이구…… 좋아, 그럼 나는 두 개 먹을 거니까 여덟 개 끓이면

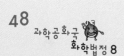

되겠다. 저 돼지가 우리 집 식량을 다 축내네."

급하게 보채는 뜨겁 군의 성화에 못 이겨 마른 군은 얼른 라면을 넣었다. 그런데 물의 양이 너무 많다고 생각한 마른 군이 물을 조금 덜어 내려고 냄비를 잡자 너무 뜨거웠다.

"앗 뜨거워! 야, 행주 좀 줘 봐. 너무 뜨거워."

가스레인지 불의 열기 탓에 냄비가 뜨겁게 달아오르자 마른 군은 맨손으로 냄비를 잡을 수 없었던 것이다. 뜨겁 군은 마른 군의 손이 뜨겁게 달궈진 냄비에 혹시라도 데지 않을까 걱정하며 행주를 찬물에 적셔서 얼른 던져 주었다.

"자, 얼른 이거 써. 휙~."

마른 군은 뜨겁 군이 던져 준 젖은 행주를 재빨리 낚아채어 냄비를 들었지만 냄비의 열기가 식기는커녕 갑자기 손이 뜨거워지더니 그만 화상을 입고 말았다.

"으아악! 너무 뜨거워!"

라면은 뜨거운 국물과 함께 후르륵 방바닥으로 쏟아져 버렸고 마른 군은 화상을 입어 따끔따끔한 손을 얼른 찬물에 적셨다. 그러나 마른 군이 손을 아무리 찬물에 적셔도 따끔따끔한 느낌은 쉽게 가시지 않았다. 결국 너무 화가 난 마른 군은 뜨겁 군에게 고래고래 고함을 질렀다.

"야! 너 때문에 내 손이 화상을 입었잖아. 이제 어떻게 할 거야?"

"뭐? 나는 네가 다칠까 봐 일부러 행주를 찬물에 적셔서 줬는데 무슨 말을 그렇게 하냐? 너 그렇게 함부로 말하는 거 아니다."

"이렇게 화상까지 입었는데, 대체 지금 무슨 소리를 하는 거야! 너 혹시 농구 시합에서 나한테 졌다고 복수하려고 일부러 행주를 찬물에 적셔서 준 거 아니야?"

"나 참, 어이가 없다, 어이가 없어. 유치한 소리 그만해!"

"으악…… 손 따가워! 나한테 복수하려고 그렇게 한 게 틀림없어!"

"뭐? 복수? 거 참, 그렇게 정 의심스러우면 화학법정에 의뢰해 보면 될 거 아냐!"

물은 공기보다 열을 더 잘 통과시킵니다.
마른행주는 행주 사이에 공기층이 존재해 단열시키는 반면
물행주는 행주 안에 생긴 물층으로 인해 열을 더 잘 통과시킵니다.

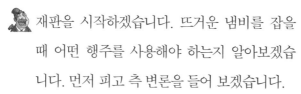

뜨거운 냄비를 잡을 때 어떤 행주를
사용해야 할까요?
화학법정에서 알아봅시다.

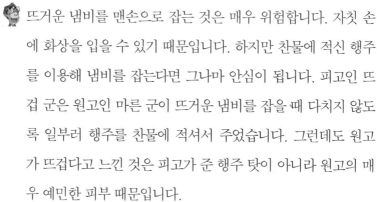

재판을 시작하겠습니다. 뜨거운 냄비를 잡을
때 어떤 행주를 사용해야 하는지 알아보겠습
니다. 먼저 피고 측 변론을 들어 보겠습니다.

뜨거운 냄비를 맨손으로 잡는 것은 매우 위험합니다. 자칫 손
에 화상을 입을 수 있기 때문입니다. 하지만 찬물에 적신 행주
를 이용해 냄비를 잡는다면 그나마 안심이 됩니다. 피고인 뜨
겁 군은 원고인 마른 군이 뜨거운 냄비를 잡을 때 다치지 않도
록 일부러 행주를 찬물에 적셔서 주었습니다. 그런데도 원고
가 뜨겁다고 느낀 것은 피고가 준 행주 탓이 아니라 원고의 매
우 예민한 피부 때문입니다.

찬물에 적신 행주를 사용해 뜨거운 냄비를 잡으면 정말 별로
뜨겁다고 느끼지 않나요? 그렇다면 단지 원고의 피부가 예민
하기 때문에 원고가 뜨겁게 달궈진 냄비를 물행주로 잡았을
때 화상을 입은 걸까요? 원고 측 주장을 들어 보겠습니다.

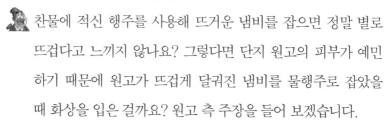

뜨거운 냄비를 잡을 때는 마른행주가 찬물에 적신 물행주보다
훨씬 좋습니다.

찬물에 적신 행주를 이용하는 게 마른행주를 사용할 때보다

더 위험하다는 건가요?

 그렇습니다. 뜨거운 냄비를 들 때는 찬물에 적신 행주보다 오히려 마른행주로 잡는 게 더 안전하다고 보면 됩니다.

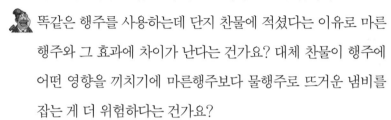 똑같은 행주를 사용하는데 단지 찬물에 적셨다는 이유로 마른행주와 그 효과에 차이가 난다는 건가요? 대체 찬물이 행주에 어떤 영향을 끼치기에 마른행주보다 물행주로 뜨거운 냄비를 잡는 게 더 위험하다는 건가요?

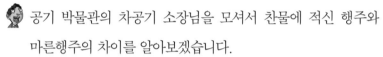 공기 박물관의 차공기 소장님을 모셔서 찬물에 적신 행주와 마른행주의 차이를 알아보겠습니다.

 증인 요청을 승인합니다.

공기로 꽉 찬 풍선을 양손에 든 50대 초반의 남성이 입속 에 찬물을 가득 머금고 인상을 쓴 채 증인석에 앉았다.

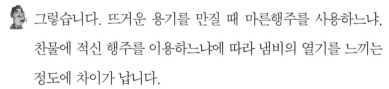 뜨거운 냄비를 잡을 때 맨손보다는 행주를 이용하는 게 안전하다고 알려져 있습니다. 그런데 찬물에 적신 행주와 마른행주로 냄비를 잡을 때 피부에 와 닿는 뜨거움의 정도에 차이가 생기나요?

그렇습니다. 뜨거운 용기를 만질 때 마른행주를 사용하느냐, 찬물에 적신 행주를 이용하느냐에 따라 냄비의 열기를 느끼는 정도에 차이가 납니다.

재미있군요. 그러면 어떤 행주를 사용하는 게 뜨거운 냄비를 잡을 때 더 효과적인가요?

찬물에 적신 행주보다는 마른행주로 냄비를 잡는 게 훨씬 안전하다고 말씀드릴 수 있습니다.

피고는 원고에게 찬물로 적신 행주를 이용해 뜨거운 냄비를 잡는 게 훨씬 안전할 것이라며 실제로 물행주를 던져 주었는데요, 실제로는 그렇지 않았습니다. 차라리 원고에게 마른행주를 줬더라면 더 안전했겠군요. 그 이유가 무엇인가요?

마른행주의 행주 사이의 공간에는 공기층이 존재하는데 공기는 열이 통하는 것을 막아 주는 단열 역할을 합니다. 따라서 뜨거운 냄비를 마른행주로 잡으면 공기로 인해 열이 전달되는 것을 막아 열기를 덜 느끼게 되는 것이지요. 그런데 찬물에 적신 물행주로 뜨거운 냄비를 잡으면 행주 안에 생긴 물층으로 인해 열이 더 잘 통하게 됩니다. 물은 공기보다 열을 더 잘 통하게 하는 성질이 있습니다. 따라서 물행주를 사용해 뜨거운 냄비를 잡으면 열기를 더 많이 느낄 수밖에 없지요. 가정에서 창문을 이중창으로 하거나 유리창 사이에 공기 막을 채워서 창문을 만드는 이유는 공기층이 집 안과 밖의 열을 단열시킴으로써 냉난방에 도움을 받기 위해서입니다.

공기가 단열의 역할을 한다는 사실은 미처 몰랐군요. 피고가 원고에게 마른행주를 던져 주었다면 원고가 화상을 입지 않았

을지도 모릅니다. 따라서 물행주로 뜨거운 냄비를 잡아 화상을 입은 것은 원고의 예민한 피부 때문이 아니라 피고의 무지로 인해 발생한 사고입니다. 피고는 본인의 무지로 원고에게 화상을 입힌 일에 대해 사과하고 원고의 치료비를 보상할 것을 요구하는 바입니다.

 뜨거운 냄비를 잡을 때는 행주 사이에 공기층이 있는 마른행주를 사용하는 것이 물행주를 이용하는 것보다 훨씬 안전하다고 판단됩니다. 피고는 물행주를 사용하는 게 더 안전하다고 판단하고 친구를 아끼는 마음에 물행주를 줬지만 결과적으로는 피고의 무지와 성급함으로 원고를 다치게 했습니다. 피고는 본인의 잘못을 인정하고 원고의 피부가 다 낳을 때까지 치료비를 배상할 책임이 있습니다. 앞으로 뜨거운 냄비를 잡을 때는 마른행주를 사용해 화상을 입지 않도록 모두들 주의하시기 바랍니다. 이상으로 재판을 마치겠습니다.

재판이 끝난 뒤 뜨겁 군은 마른 군에게 물행주를 준 것에 대해

열의 전도를 막는 방법

열의 전도는 물질이 단단할수록 잘 일어난다. 때문에 열의 전도는 기체보다는 액체에서, 액체보다는 고체 상태일 때 잘 일어난다. 따라서 열의 전도를 막으려면 열이 잘 전도되지 않는 기체 상태의 물질을 사용해야 한다. 유리와 유리 사이에 공기를 채워 만든 이중창이 바로 이 단열의 원리를 이용해 열의 전도를 막는 대표적인 예이다.

사과했다. 마른 군 역시 뜨겁 군에게 일부러 자신을 골탕 먹이려고 한 짓이 아니냐며 화를 낸 것에 대해 미안하다고 말했다. 그후 뜨겁 군은 마른 군의 손이 다 나을 때까지 라면 끓이기를 전담했다.

냉장고 에어컨

장끄미의 아이디어처럼 냉장고 문을 열어 두면
정말 에어컨 같은 효과가 날까요?

이곳은 대장검 레스토랑이다. 요리사 세 명이 기다
란 요리사 모자를 쓴 채 주방에서 심각한 얼굴로 회
의를 하고 있었다.

"모기 눈알 요리 어때요? 손님들이 많이 신기해 할 텐데…… 게
다가 모기 눈알 요리는 너무 진기한 요리라서 고급스러운 손님들의
취향에도 잘 맞을 것 같은데요. 버터를 두른 철판에 모기 눈알을 넣
고 와인을 뿌린 다음 양파와 당근, 피망과 함께 살짝 볶아 내놓으면
정말 끝내 줄 것 같은데요?"

"뭐? 이봐요, 삼손 양! 모기 눈알을 대체 어디서 구할 거야? 아이

디어는 좋아! 역시 기발하고 독특해. 굿이에요. 굿! 하지만 삼손 양이 그 작은 모기들을 잡아서 모기 눈알을 모을 거야? 대체 모기를 몇 마리나 잡아야 삼손 양이 말한 그 모기 눈알 요리를 할 수 있는 건데? 거 참! 자, 빨리 더 좋은 아이디어를 생각해 봐요. 계속해서 손님들이 줄어들고 있다고."

"음…… 사장님, 제 생각에는 고급화 전략으로 가면 좋겠어요. 요리의 질로 승부를 걸어야 뭔가 승산이 있어도 있을 것 같은데요? 요즘은 싸구려 음식점이 너무 많잖아요?"

"오! 역시 우리 장끄미 씨는 뭐가 달라도 달라요. 대통령상을 받아서 그러나? 후후, 그럼 장끄미 씨, 구체적인 메뉴를 한번 말해 봐요."

"네. 사장님, 제 생각에는 박쥐 똥 요리가 좋을 것 같습니다."

"뭐? 박쥐 똥 요리?"

"네, 박쥐 똥 요리는 옛날부터 왕족들이 먹던 귀한 요리 중 하나이지요. 박쥐는 동굴 속 깊고 어두운 곳에 살아서 음침하고 더럽다는 오해를 하기 쉬운 동물이지만 이건 정말 오해일 뿐이라고요. 박쥐는 정말 깨끗한 동물이니까요. 박쥐 똥의 효능을 말씀드리자면 박쥐 똥 요리를 한 번 먹으면 40년 동안 대머리였던 사람의 머리털이 갑자기 쑥쑥 자라고, 박쥐 똥 요리를 두 번 먹은 사람은 시력이 매우 좋아져 다른 공화국에 무슨 일이 일어나고 있는지 다 보일 정도라고 합니다."

"말도 안 돼! 박쥐 똥이 무슨 만병통치약이야? 하긴, 똥이 더러워 보이기는 하지만 그런 똥이 도리어 사람 몸에 좋다는 얘기는 나도 듣긴 했어. 하지만 손님들이 거부감을 느끼지 않을까? 그런데 장끄미 씨, 그럼 박쥐 똥 요리를 세 번 먹으면 어떻게 되는 거지? 설마 철인 28호가 되어서 지구를 지킨다고 날아가는 건 아니겠지?"

"하하하! 사장님도. 그러면 제가 이 요리를 추천하겠습니까? 이 요리를 세 번 먹으면 피아노면 피아노, 컴퓨터 타자면 컴퓨터 타자 등 손으로 하는 건 그 실력이 월등히 는다고 하네요. 그 이유는 새끼손가락 옆으로 손가락이 하나씩 더 생기기 때문이지요."

"뭐라고? 에이…… 지금 그걸 말이라고 하는 거야? 아유, 그런 걸 어떻게 손님한테 요리라고 내놓아? 으이구 삼손이나 장끄미 너희 둘 다 당장 나가! 머리를 맞대고 의논하면 뭐 해! 돌덩이 두 개를 갖다 놓은 꼴이라니…… 나 시원한 냉수나 한 사발 먹고 올 테니 갔다 올 때까지 참신한 아이디어 생각해 놔! 으이구 답답해."

대장검 사장은 한심스러운 눈으로 그들을 쏘아보며 타는 속을 부여잡고 냉수를 마시러 갔다.

"괜히 우리한테 짜증이야. 그리고 하필 이 무더운 한여름에 선풍기고 에어컨이고 다 고장 나서 이게 무슨 꼴이냐! 더워 죽겠어, 정말! 삼손이 넌 모기 눈알이 뭐냐? 모기 눈알이!"

"뭐야? 그러는 너는 박쥐 똥이 뭐냐? 나 참, 지저분하기는……

악~ 더워! 사장은 덥지도 않나? 에어컨은 대체 왜 안 고치는 거야?"

"야, 모기 눈알이 더 이상해! 에잇, 사장님 오실라. 우리 싸우지 말고 얼른 참신한 아이디어나 생각해 보자. 뭐가 있을까? 손님들의 입맛을 확 끌 만한……."

"음…… 맞다, 장끄미야! 지난번에 내가 짜이나에 여행 갔을 때 짜이나 요리사한테 들었는데 짜이나에 전통적으로 전해 내려오는 요리가 있는데, 그게 뭐냐면……."

"뭔데? 그게 뭔데?"

"…… 바로 곰발바닥 요리야! 그 음식이 입 안에만 들어가면 사르르 녹는다고 그랬어. 최고급 안심 스테이크보다도 훨씬 맛있대."

"뭐? 곰발바닥 요리? 하하하! 너 곰발바닥은 어떻게 구할 건데? 곰이 자고 있을 때 옆에라도 가서 구할 거니? 말이 되는 소리를 좀 해라. 곰이 우는 소리만 들어도 기절할 애가, 무슨!"

"아, 그럼 어떻게? 에구, 사장님 오신다. 빨리 열심히 생각하는 척해!"

"그래, 뭐 참신한 아이디어라도 좀 생각났어?"

"근데요…… 사장님, 너무 더워서 잘 생각이 안 나요. 머리에서 열만 난다니까요."

"뭐? 머리에서 열이 나? 네가 뭐 한 게 있다고 머리에서 열이 나! 박쥐 똥 때문에 열이 나?"

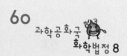

"그게 아니고요 사장님, 진짜 더워요. 사장님은 안 더우세요? 주방이 조금만 시원해도 머리가 팽팽 잘 돌아갈 것 같아요."

"하긴…… 나도 좀 덥긴 해. 하지만 어쩌겠어? 주방용 에어컨이 고장 났는걸. 괜한 핑계 대지 말고 기발한 아이디어 좀 생각해 봐! 안 그러면 너희 둘 다 해고야, 해고! 알았어?"

"아! 사장님, 좋은 생각이 떠올랐어요. 왜 진작 이 생각을 못했지? 우리 냉장고 문 좀 열어 놔요. 냉장고 안은 시원하니까 문을 열어 놓으면 찬 공기가 여기로 이동해서 실내도 시원해질 거 아니에요?"

"참신한 요리 메뉴를 생각하랬지 누가 너더러 그런 거 생각하랬어? 으이구…… 그리고 그렇게 한다고 시원해지겠냐?"

"물론이죠, 사장님."

"우아! 너 진짜 머리 좋다. 사장님, 우리 그렇게 해요."

삼손이는 얼른 냉장고 앞으로 뛰어가 냉장고 문을 열었다.

"이제 조금 시원해지겠죠?"

셋은 다시 신메뉴 대책 회의에 집중했다. 그러나 삼손이나 장끄미는 여전히 엉뚱한 아이디어만 내놓을 뿐이었다. 엎친 데 덮친 격으로 주방 안은 점점 시원해지기는커녕 시간이 갈수록 더워질 뿐이었다.

"뭐야! 시원해진다더니 왜 이렇게 더워?"

"그러게…… 이상하네요."

장끄미는 무안한지 머리를 긁적이며 대꾸했다.

"너희들, 제대로 하는 게 하나도 없잖아! 메뉴도 이상한 것만 생각해 내고, 냉장고 문을 열어 두면 실내가 시원해진다더니 뭐가 시원해져! 당장 해고야! 둘 다 나가!"

"사장님, 억울해요. 냉장고 안이 시원하니까 문을 열어 두면 당연히 시원해질 줄 알았죠. 근데 왜 더 더워지지? 이건 말도 안 돼요. 제가 화학법정에 의뢰해 보겠어요."

냉장고 안에 보관하는 음식은 내부의 열을 잃어 차가워집니다.
이처럼 냉장고 안에서 전기 에너지를 많이 소모시킬수록
실내로 열이 많이 발산되므로 실내는 점점 더워집니다.

냉장고 문을 열어 두면 실내가 시원해질까요?
화학법정에서 알아봅시다.

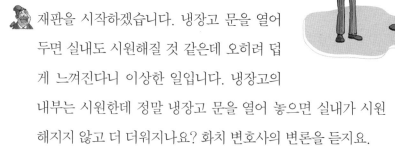

재판을 시작하겠습니다. 냉장고 문을 열어 두면 실내도 시원해질 것 같은데 오히려 덥게 느껴진다니 이상한 일입니다. 냉장고의 내부는 시원한데 정말 냉장고 문을 열어 놓으면 실내가 시원해지지 않고 더 더워지나요? 화치 변호사의 변론을 듣지요.

오븐을 켜면 오븐 안이 따뜻해집니다. 이때 오븐을 열어 두면 실내도 따뜻해질 것입니다. 오븐은 음식을 가열하는 주방 용품이므로 오븐을 열어 두면 그 열로 인해 당연히 주방도 따뜻해집니다. 냉장고 역시 마찬가지입니다. 냉장고는 냉장고 안의 음식을 시원한 상태로 유지시켜 상하는 것을 방지합니다. 냉장고가 이렇게 음식을 저온 상태로 보존하듯 냉장고 문을 열어 두면 실내 온도 역시 시원하게 변화시키는 것이지요.

의뢰인은 주방의 에어컨 고장으로 인한 더위를 견디기 위해 냉장고 문을 열었다지요. 그렇게 하면 실내가 더 시원해질 것 같았는데 오히려 더 덥게 느껴졌다고 합니다. 화치 변호사는 시원해져야 할 실내가 더 덥게 느껴진 이유가 무엇이라고 봅

니까?

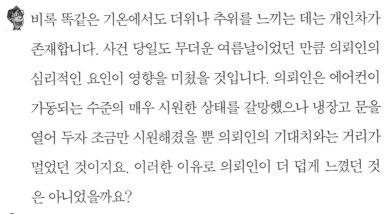

비록 똑같은 기온에서도 더위나 추위를 느끼는 데는 개인차가 존재합니다. 사건 당일도 무더운 여름날이었던 만큼 의뢰인의 심리적인 요인이 영향을 미쳤을 것입니다. 의뢰인은 에어컨이 가동되는 수준의 매우 시원한 상태를 갈망했으나 냉장고 문을 열어 두자 조금만 시원해졌을 뿐 의뢰인의 기대치와는 거리가 멀었던 것이지요. 이러한 이유로 의뢰인이 더 덥게 느꼈던 것은 아니었을까요?

의뢰인의 심리적인 요인 탓이라는 거군요. 단순히 심리적인 요인 때문에 정말 더 덥게 느꼈던 것인지 알아봐야겠네요. 냉장고와 에어컨의 원리에 대해 알아보면 좋겠습니다.

그 부분에 대해서는 제가 변론해 드리겠습니다.

케미 변호사의 변론을 들어 보겠습니다.

판사님의 말씀처럼 에어컨과 냉장고의 원리를 비교해 볼 필요가 있습니다. 실제로 에어컨은 실내를 시원하게 만들고, 냉장고는 음식을 시원하게 보존시키지만 실내를 더 덥게 만듭니다.

케미 변호사의 변론대로라면 에어컨과 냉장고의 원리는 서로 다르다는 뜻인가요?

그렇지는 않습니다. 에어컨과 냉장고가 어떤 원리로 작동되는지 증인을 모셔서 설명 드리겠습니다. 냉방 연구소의 한얼음

소장님을 증인으로 요청합니다.

 증인 요청을 수락합니다.

머리에 고드름이 주렁주렁 달린 50대 초반의 남성이 냉동 파카를 입고 추위에 질린 듯 입술이 파랗게 변한 채로 바들바들 떨면서 증인석에 앉았다.

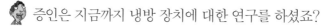 증인은 지금까지 냉방 장치에 대한 연구를 하셨죠?

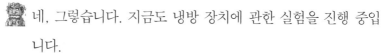 네, 그렇습니다. 지금도 냉방 장치에 관한 실험을 진행 중입니다.

실험을 적당히 하셔야겠습니다. 감기에 걸리시겠어요. 자, 그럼 에어컨과 냉장고의 원리에 대한 증언을 부탁드립니다. 냉장고의 문을 열어 실내를 시원하게 유지할 수 있습니까?

냉장고 문을 열어 둔다고 실내를 시원하게 하지는 못합니다. 오히려 냉장고 문을 열어 놓으면 실내를 더 덥게 만들지요.

냉장고 문을 열고 그 앞에 서 있으면 시원함을 느낄 수 있는데 실내를 더 덥게 만든다니요, 그 이유가 무엇입니까?

냉장고 문을 열고 그 앞에 서면 처음에는 냉장고에서 나오는 찬 냉기 덕분에 약간 시원하게 느낄 수 있지만 그 상태가 계속되면 실내 온도는 더 올라갑니다. 이것을 이해하기 위해서는 열이란 에너지를 얻는 것이며 냉기는 에너지를 잃는 것이라는

개념을 먼저 이해해야 합니다.

 도통 무슨 말인지 모르겠군요.

 난로는 열을 발산하지만 냉장고가 냉기를 발산하는 것은 아닙니다. 모든 냉장고는 열기를 이동시키는 역할을 할 뿐이지요. 즉 냉장고 안에 보관하는 음식은 내부의 열을 잃어 차가워지는 한편 그 열기는 실내로 빠져나오는 셈입니다. 이러한 것을 '열 동력 시스템' 이라고 합니다. 다른 모터와 마찬가지로 냉장고의 열 동력기를 작동시키는 데도 에너지가 필요합니다. 냉장고 안에서 실내로 열을 빨리 퍼낼수록 전기 에너지를 더 많이 소모시키고 이 에너지의 일부가 열로 발산되기 때문에 실내가 점점 더워지는 것이지요.

 그러면 냉장고가 음식을 시원하게 유지시키는 원리는 무엇입니까?

 냉장고의 원리는 냉장고 바닥에 있는 압축기에서 압축된 냉매 가스가 뒤쪽의 음축기를 통과하면서 냉각되고, 다시 모세관을 지나 저온 저압 액화 가스가 되는데 이때의 액화 가스가 증발기에서 기체로 변할 때 열을 대량으로 빼앗아 냉장고의 내부 온도를 급격히 떨어뜨리는 것입니다. 이 냉매 가스는 또다시 압축기로 되돌아가서 같은 동작을 되풀이하면서 냉장고의 온도를 차갑게 유지시키는 것이지요.

 그럼 냉장고가 실내를 덥게 만드는데 반해 에어컨은 어떻게 해서 실내를 저온으로 유지시키나요?

에어컨은 열을 발산하는 장치를 집 밖에 설치하기 때문에 실내를 시원하게 유지시킬 수 있습니다. 집 안의 열을 집 밖으로 퍼내는 것이지요. 냉장고가 음식을 차갑게 하고 실내에 열기를 내뿜는 원리와 유사하게 에어컨은 집 안을 시원하게 만들고 집 밖을 덥게 만듭니다.

냉장고와 에어컨의 원리가 비슷하다고 볼 수 있네요. 그렇다면 냉장고도 에어컨과 같은 역할을 할 수 있나요?

냉장고는 에어컨의 기능을 갖지 못합니다. 굳이 에어컨과 같은 기능을 하게 하려면 냉장고의 문을 실내 안쪽으로 열어 놓고, 냉장고의 뒤쪽을 창밖으로 향하게 해서 냉장고에서 발산된 열이 창밖으로 이동하도록 만들면 되지만 이때의 냉방 효과는 지극히 미미합니다.

냉장고나 에어컨이나 여름철을 시원하게 보낼 수 있도록 돕는 유용한 제품들입니다. 그런데 혹시 이런 가전제품들을 많이 사용할수록 해가 될 수도 있습니까?

냉장고는 열을 이동시키는 냉매로 프레온 가스를 사용하는데 프레온 가스는 오존층을 파괴하여 대기 오염을 일으키거나 지구 온난화의 주범이 되기 때문에 한 가정당 한 개 이상의 냉장고를 사용하는 것은 좋지 않습니다. 현재 프레온 가스를 대체할 만한 가스를 개발하기 위한 작업이 한창입니다.

 요즘은 냉장고가 없는 집이 없는데 냉장고 작동에 필수인 프레온 가스가 오존층을 파괴하고 있다니 안타까운 현실이군요. 냉장고와 에어컨의 작동 원리에 유사한 면은 있으나 에어컨이 실내를 시원하게 만들고 실외로 열을 발산하는 반면 냉장고는 냉장고 안의 음식을 시원하게 하는 대신 실내를 덥게 만든다고 합니다. 따라서 에어컨이 고장 났다고 해서 냉장고 문을 열어 두는 것은 어리석은 생각입니다.

 냉장고를 에어컨 대용으로 사용하는 것은 아무런 효과가 없군요. 이 같은 가전제품에 사용되는 프레온 가스가 오존층을 파괴한다고 하니 가정에서 쓰는 가전제품은 꼭 필요한 만큼만 가동시켜 전기 에너지를 절약해야겠습니다. 이상으로 재판을 마치겠습니다.

재판이 끝난 뒤, 냉장고 문을 열어 둔다고 해서 절대로 에어컨 대용이 될 수 없다는 사실을 알게 된 장끄미와 삼손이는 대장검 레스토랑에서 해고될 지경에 이르렀다. 결국 두 사람은 사장에게 손이

기화열

액체가 기체가 되기 위해서는 주위로부터 열을 흡수해야 하는데 이때의 열을 기화열이라고 부른다. 물질에 따라 필요한 기화열은 제각각 다른데 예를 들어 물이 수증기로 변할 때는 물 1g에 대한 540cal의 기화열이 필요하다.

발이 되도록 빌어 겨우 해고를 면했지만 일주일 안에 신메뉴를 개발하라는 사장의 지시에 여전히 서로 머리를 맞대고 골머리를 앓고 있다.

과학성적 끌어올리기

열의 이동 방식

열의 이동 방식에는 세 가지가 있습니다. 첫 번째는 열의 전도이고, 두 번째는 열의 대류 그리고 마지막은 열의 복사입니다.

모든 물질은 분자라는 작은 알갱이로 이루어져 있습니다. 그런데 고체는 분자들이 서로 붙어 있지요. 따라서 고체인 쇠 젓가락의 한쪽 끝에 열을 가하면 먼저 그쪽의 분자들이 열을 받아 온도가 올라가게 됩니다. 이렇게 온도가 올라간 분자는 옆에 붙어 있는 분자들에게 열을 전달하고 다시 열을 받은 분자는 그 옆의 분자에게 차례로 열을 전달하여 젓가락의 반대쪽 끄트머리에도 열이 전해지게 됩니다.

더운 여름날의 자동차는 뜨거운 태양으로부터 열을 받아 온도가 높아집니다. 이때 자동차에 손을 대면 그 열이 우리의 손으로 전달되어 자칫 손에 화상을 입을 수 있는 것도 열의 전도 때문입니다.

대류는 액체나 기체 상태의 물질에서 열이 전달되는 방식입니다. 액체나 기체 상태의 물질도 분자로 구성되어 있지만 고체 상태의 물질과는 다른 점이 있습니다. 액체나 기체 상태의 물질은 분자들

과학성적 끌어올리기

사이의 거리가 고체 상태의 물질보다 길다는 점입니다. 즉 액체나 기체 상태의 물질에서는 분자들이 고체처럼 촘촘히 배열되어 있지 않아서 열을 받은 분자가 옆의 분자에게 열을 바로 전달할 수 없습니다.

그렇다면 액체와 기체에서는 열이 어떻게 전달될까요? 바로 대류를 통해 열이 전달됩니다. 가스레인지 위에 올려진 냄비 속의 물을 한번 보죠. 이때는 냄비 바닥의 물이 가장 먼저 뜨거워지는데 이것은 맨 밑바닥으로부터 열을 가장 빨리 받기 때문입니다. 그리고 열을 받은 물방울은 온도가 올라가면서 부피가 점점 커지게 됩니다. 이처럼 밑바닥에 있는 물방울의 부피는 점차 커지는데 반해 질량은 그대로이기 때문에 위에 있는 차가운 물방울보다 밀도가 작아져 위로 뜨게 됩니다. 밀도가 작은 물질은 밀도가 큰 물질 위로 뜨는 성질이 있으니까요.

냄비 바닥의 뜨거워진 물방울이 위로 솟구치면서 위에 있던 차가운 물방울과 자연스럽게 충돌하게 되지요. 이 충돌로 뜨거워진 물방울의 열이 차가운 물방울에 전달되면서 차가운 물방울의 온도도 올라갑니다. 이로 인해 열을 빼앗긴 물방울은 다시 바닥으로 내려와 냄비의 뜨거운 열을 받아 다시 위로 올라가고, 이런 식의 과정이

되풀이되면서 냄비 속의 물 전체가 뜨거워지는 것이지요. 이것이 바로 열의 대류 과정입니다.

마지막으로 열의 복사에 대해 알아볼까요? 태양처럼 뜨거운 물체는 빛을 내는데 바로 그 빛을 통해 에너지가 지구에 전달되어 지구가 더워지는 것이 바로 열의 복사입니다.

또한 아주 추운 날 성냥을 켜면 성냥에서 빛이 나오면서 주위가 환해지고 동시에 따뜻해지는데 이것은 성냥의 열이 복사에 의해 주위로 이동했기 때문입니다. 성냥에서는 나오는 열이 빛을 통해서 이동한 셈이지요.

태양이 빛을 통해 지구에 열을 전달한다는 것은 간단하게 실험을 통해 알 수 있어요. 우선 뚜껑이 막혀 있는 같은 크기의 병을 두 개 준비합니다. 하나의 병은 검은 천으로 에워싸고 다른 하나의 병은 병 주위를 반짝거리는 거울로 둘러쌉니다. 이때 두 병에는 같은 높이까지 같은 온도의 물을 채우고 물속에 온도계를 꽂아 둡니다. 그리고 햇빛이 잘 비치는 마당에 두 병을 나란히 놓습니다.

시간이 조금 흐른 뒤 온도계의 눈금은 어떻게 변했을까요? 검은 천으로 에워싼 병 속 물의 온도가 더 높습니다. 그 이유는 간단합니다. 검은색은 태양으로부터 발생하는 빛을 잘 흡수하는 성질이 있으므로 검은 천으로 에워싼 병 속의 물이 태양이 공급한 열에너지를 더 잘 흡수해 온도가 더 많이 올라간 것입니다. 하지만 거울로 에워싼 병에서는 거울이 태양에서 오는 빛을 반사시키기 때문에 빛을 통한 열에너지를 흡수하기 어렵고, 결국 병 속 물의 온도도 잘 올라가지 않게 됩니다.

가열된 물체에서는 그 물체의 온도에 해당하는 빛이 나옵니다. 온도가 낮은 물체는 붉은 계열의 빛을 내고 온도가 높아질수록 노랑, 파랑, 보라 계열로 변합니다. 그러다가 온도가 더 높아지면 빨강부터 보라까지의 모든 빛이 합쳐져 결국엔 흰빛을 내지요. 이렇게 가열된 물체에서 나오는 빛을 열복사선이라고 하는데 이 빛과 충돌한 물체가 빛의 에너지를 받아 열에너지로 전환하면서 물체의 온도가 올라가게 됩니다. 이것이 바로 복사를 통한 열의 이동입니다.

물질의 상태변화에 관한 사건

얼음과 키스를

나도도의 입술에 달라붙은 얼음은 어떻게 떼어 내야 할까요?

사건속으로

나도도는 거울을 보며 환한 미소를 지었다.

"아~ 나는 왜 이렇게 예쁘지? 커다란 눈망울 하며, 요 오뚝한 코에 앵두같이 도톰한 입술! 이 뽀얗고 빛나는 하얀 피부 좀 봐, 몸매는 또 어떻고? 이호리 뺨치는 S 라인이잖아? 호호호! 정말 어디 하나 빠지는 구석이 있어야지. 하늘은 어쩜 이렇게 불공평할까? 나에게만 이렇게 뛰어난 미모를 주셨으니 말이야. 호호호!"

"야, 나도도! 너 일 안 해? 허구한 날 너는 어찌 일할 생각은 안 하고 거울만 들여다보고 있니? 으이구, 속 터져. 너 만날 그렇게 일

안 하면 사장님한테 확 이른다."

"아잉, 우리 아줌마 오늘따라 왜 이러실까? 아줌마 또 내 미모를 질투하는구나? 호호호!"

"뭐라고? 저게 그래도 정신을 못 차리고…… 얼른 손님들 오기 전에 테이블이나 닦아!"

주방 아줌마는 행주를 나도도 앞으로 휙 던졌고 나도도는 입을 삐죽거리며 행주를 집어 들고 테이블을 닦기 시작했다. 그렇게 한참 동안 열심히 테이블을 닦던 나도도가 갑자기 행주질을 멈추고 멍하니 테이블을 바라보기 시작했다.

"야, 나도도! 너 테이블 닦다가 뭐 하는 거야? 손님들 오실 시간 됐으니까 얼른 닦아!"

"……."

"야! 나도도!"

"…… 응? 방금 뭐라고 하셨어요?"

"거 참…… 나도도, 정신 차리고 테이블 닦으라고! 지금 뭐 하는 거야?"

"아…… 나 테이블 닦던 중이었지, 테이블 유리에 비친 내 모습이 너무 아름다워서 순간 멍해졌네. 호호호!"

"으이구, 내가 저 나도도 때문에 제명에 못살지 못살아!"

나도도는 다시 테이블을 닦으면서 혼자 중얼거리기 시작했다.

"뭐, 내가 예쁘게 태어나고 싶어서 예쁘게 태어났나? 하늘이 주신 복인 것을 어떡해? 주방 아줌마는 괜히 질투하고 난리야. 나도 내 미모 때문에 귀찮을 때도 많다고요. 우리 가게 앞에 '뜯어 갈비' 왕 사장 아저씨는 날 볼 때마다 어찌나 윙크를 하는지 정말 식당 문을 나서는 게 싫다, 싫어! 게다가 얼음 배달원 김꽁꽁 씨는 또 어떻고? 매일 올 때마다 얼음이나 냉장고에 제대로 넣어 놓고 갈 것이지, 죽치고 앉아서 나만 쳐다보잖아? 정말 다들 귀찮아 죽겠어. 아유…… 예쁜 게 죄지, 어쩌겠어?"

"야, 나도도! 혼자서 또 뭐라고 중얼거리는 거야? 하여간 재 일시키느라 내가 늙지, 늙어…… 어머, 사장님 나오셨네. 안녕하세요?"

"어머, 사장님. 어서 오세요."

"그래요, 좋은 아침입니다. 다들 열심히 일하고 있네요. 저기 나도도 씨, 잠깐 나 좀 볼까? 할 말이 있어서 말이야……."

나도도는 순간 멈칫했다.

'뭐지? 사장님이 나한테 할 말 있다는 게 뭘까? 설마 내가 청소 안 하고 만날 거울만 들여다보는 걸 눈치 챈 것 아니야? 아님…… 아, 지난주에 혼자 주방에서 고기 구워 먹은 게 들킨 건가? 그것도 아니면 혹시 지난번에 앞집 왕 사장 아저씨한테 우리 사장님이 사실은 대머리이고 지금 머리는 가발이라고 말했던 게 들통 난 건가? 어머머, 어쩜 좋아…… 아무튼 난 이제 죽었다.'

"사장님, 무슨 일이시죠?"

"나도도 씨, 사실은 선 자리가 하나 들어왔는데 아무래도 나는 나

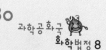

도도 씨가 선을 봤으면 좋겠어요. 우리 나도도 씨, 일도 열심히 하고 또 한 미모 하잖아? 안 그래? 따로 만나는 남자 친구가 없으면 선 한번 보지 그래?"

"네? 선…… 선이요?"

'호호호! 역시 사장님도 내 미모를 알아주는구나? 후후.'

"그래, 선보는 거 말이야. 우리 도도 씨한테 부탁 좀 할게. 근데 상대방 남자도 너무 괜찮다네. 장동곤 뺨치는 외모라던데?"

"그래요? 정 그러시면…… 원래 저는 선 같은 건 안 보지만, 사장님을 생각해서 이번 한 번만 나가도록 할게요."

'으하하, 아싸! 장동곤 뺨치는 외모라고? 좋아! 안 나가긴 왜 안나가? 당장 나가야지.'

"그래요, 나도도 씨 고마워요. 오늘 저녁 7시예요. 그럼 가서 일 보세요."

나도도는 사장님도 자기의 미모를 알아준다고 생각하자 기분이 매우 좋아졌다. 게다가 상대방이 장동곤 뺨치는 외모라니! 나도도는 기대와 설렘으로 심장이 두근두근 뛰었다.

"랄라라~ 라랄라~ 아줌마 더 일할 거 없어요? 호호호!"

"뭐? 더 일할 거? 나도도 네가 웬일이냐? 내일은 해가 동쪽에서 뜨겠네? 그럼 저기 홀에 나가서 주문이나 좀 받든가."

"알았어요. 랄라라~ 근데 아줌마, 해는 원래 동쪽에서 뜬다고요. 호호호!"

"아, 그…… 그래? 난 또 해가 서쪽에서 뜨는 줄 알았지. 아무튼 저 나도도 또 잘난 척은, 흥!"

"라랄라~ 네, 손님 주문하시겠어요? 네, 갈비 4인분이요? 아줌마, 여기 갈비 4인분이요. 랄라라~."

나도도는 들뜬 마음에 콧노래를 부르며 활기차게 일을 했다.

"어머, 우리 김꽁꽁 씨 왔네. 김꽁꽁 씨, 냉동 창고에서 얼음 좀 꺼내서 주방으로 옮겨 주겠어요? 호호호!"

'아유, 나만 좋아하는 우리 김꽁꽁 씨…… 난 오늘 선보는데 미안해서 어쩌지? 하지만 어쩔 수 없지, 뭐. 김꽁꽁 씨는 내 스타일이 아닌걸. 호호호!'

"여기, 예쁜 이모, 주문 받으세요."

"네. 갑니다, 가요. 호호호!"

나도도가 한껏 목소리를 높여 대답한 뒤 몸을 돌려 급히 주문을 받으러 가는 순간이었다.

"빡!"

김꽁꽁 씨가 나르던 얼음 덩어리가 나도도의 입술에 떡 하고 붙어 버렸던 것이다.

"으…… 으…… 으……."

"으악! 나도도 씨, 어떡해요? 그러게 조심 좀 하지. 갑자기 몸을 돌리면 어떻게 해? 나 이거 참, 얼음 배달하다가 이런 일은 또 처음이네. 아무튼 배달 올 때마다 느끼는 거지만 아가씨는 일도 제대로 안 하고 만날 사고만 치는 것 같다니까."

"으…… 우……."

나도도는 얼음이 입술에 붙어 버려서 도저히 말을 할 수가 없었다.

'뭐? 날 좋아하는 게 아니었어? 이럴 수가! 몰라, 몰라. 지금 그게 중요한 게 아니잖아. 그나저나 오늘 저녁에 선보러 가야 하는데 이게 뭐야! 얼음이 입술에 붙어 버렸잖아. 그런데 이렇게 된 게 내 탓이라고? 참, 내가 기가 막혀서…… 저 김꽁꽁을 당장 화학법정에 고소해 버리겠어. 아, 입 시려서 죽겠네.'

"화학…… 우우…… 법…… 법정에…… 고소…… 우우……."

얼음과 입술 사이의 수분이 순간적으로 얼면서
두 면이 달라붙는 것 같은 현상을 '결빙'이라고 합니다.

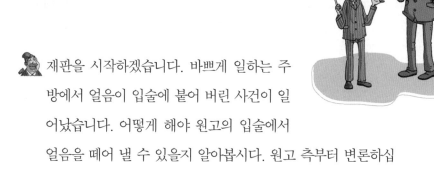

얼음이 입술에 붙은 이유는 뭘까요?
화학법정에서 알아봅시다.

재판을 시작하겠습니다. 바쁘게 일하는 주
방에서 얼음이 입술에 붙어 버린 사건이 일
어났습니다. 어떻게 해야 원고의 입술에서
얼음을 떼어 낼 수 있을지 알아봅시다. 원고 측부터 변론하십
시오.

원고는 오늘 저녁에 선을 보기로 되어 있습니다. 그런데 그만
김꽁꽁 씨가 나르던 얼음이 원고의 입술에 붙어 선보는 자리
에 나갈 수 없게 되었습니다. 하지만 피고는 얼음을 나르던 중
원고와 부딪혀 원고의 입술에 얼음이 붙어 버린 책임을 모두
원고에게 돌리고 있습니다. 얼음을 옮길 때는 조심하지 않으
면 다른 물건과 부딪혀 깨질 수도 있습니다. 그렇기 때문에 얼
음을 나르는 사람이 주위를 살피지도 않고 함부로 운반하는
것은 위험합니다. 따라서 원고와 피고가 부딪힌 책임이 원고
에게만 있는 것은 아닙니다.

누구의 부주의가 더 큰지 가려내는 것보다 지금 시급한 건 원
고의 입술에 붙은 얼음을 떼어 내는 일입니다. 얼음을 떼어 낼
방법은 없는 걸까요? 피고 측 변론을 들어 보겠습니다.

피고는 각 매장을 돌며 얼음을 운반하는 일을 하고 있습니다. 그동안 피고가 얼음을 운반하면서 원고를 지켜본 바로는 원고의 덜렁대는 습관 탓에 일을 하는 데 지장이 많았다고 합니다. 이번 사건 역시 원고는 피고가 얼음을 나른다는 사실을 알면서도 덜렁대다가 제대로 못 보고 피고와 충돌한 것입니다. 게다가 원고의 입술에 붙은 얼음을 떼어 낼 수 있는 방법이 있는데도 원고는 입술에 붙은 얼음 때문에 선을 보지 못할 거라며 엉터리 주장을 하고 있습니다.

원고의 입술에 붙은 얼음을 떼어 낼 수만 있다면 이번 사건은 별 무리 없이 마무리될 수 있을 것 같은데요, 입술에 붙은 얼음을 어떻게 떼어 낼 수 있습니까?

얼음 과학 연구소의 강썰렁 박사님을 모셔서 입술에 붙은 얼음을 떼어 내는 방법에 대한 설명을 듣겠습니다. 증인 요청을 받아 주십시오.

증인 요청을 받아들이겠습니다. 증인은 앞으로 나오십시오.

두꺼운 겨울 코트를 입은 50대 중반의 남성이 냉기가 흐르는 얼음주머니를 머리에 이고 증인석에 앉았다.

원고의 입술에 얼음이 달라붙었습니다. 떼어 낼 방법이 있습니까?

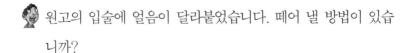

얼음이 입술에 붙었다고 그냥 떼어 버리면 살갗까지 뜯어지기 쉽습니다. 얼음이 입술에 달라붙은 이유를 알면 얼음을 떼어 내는 것은 어렵지 않습니다.

얼음이 입술에 달라붙은 이유는 무엇입니까?

얼음이 입술에 붙는 현상은 얼음이나 아이스 바의 냉기에 의해 입술이나 혀의 침이 순간적으로 얼어붙기 때문에 발생합니다. 즉 얼음과 입술 사이의 수분이 순간적으로 얼면서 두 면이 달라붙는 것인데, 이것을 '결빙'이라고 합니다. 원고와 피고가 부딪힐 때의 압력으로 인해 얼음이 원고의 입술에 결빙된 것입니다.

이번 사건에서 얼음과 원고의 입술이 순간적인 수분의 결빙으로 인한 것이라고 어떻게 확신할 수 있습니까?

수분의 결빙에 의해 접착이 일어난다는 것은 매우 건조한 상태의 물건, 즉 수분기가 없는 손을 얼음이나 아이스 바에 갖다 댈 경우에는 결빙이 일어나지 않는다는 사실을 통해서도 확인할 수 있습니다. 또한 너무 많은 양의 수분이 있을 때는 오히려 순간적인 결빙이 일어나지 않을 수도 있습니다.

얼음과 입술의 순간적인 결빙을 어떻게 하면 아무 문제없이 떼어 낼 수 있나요?

결빙에 의해 혀나 입술에 얼음이 붙었을 경우 수분이 얼면서 양쪽 면이 달라붙는 것이므로 언 부분을 녹여 줘야 합니다. 약간의 시간이 지나면 체온으로 인해 결빙 상태가 풀리면서 혀나 입술에서 자연스럽게 얼음이 떨어지게 됩니다. 만약 빨리 얼음을 떼어 내고자 한다면 입술과 얼음 사이의 온도를 올려 주면 좀 더 빨리 얼음을 떼어 낼 수 있겠지요.

 원고의 입술 가까이에 헤어드라이어로 따뜻한 바람을 쐬어 주면 원고의 입술에 붙은 얼음을 빨리 떼어 낼 수 있겠군요. 원고는 오늘 저녁에 선을 보지 못할까 봐 더 이상 걱정하지 않아도 되겠어요. 그보다 원고는 덜렁대는 성격을 하루빨리 고쳐서 앞으로는 다른 사람들과 부딪히지 않도록 주의해 주세요.

원고의 산만한 성격은 평소에도 주위 사람들로부터 걱정을 끼친 것으로 보입니다. 이번 역시 조금만 침착하게 행동했다면 입술에 얼음이 달라붙는 일 같은 건 피할 수도 있었을 테고요. 원고는 앞으로 좀 더 침착해질 필요가 있겠군요. 입술에 붙은 얼음은 증인이 소개한 방법으로 떼어 내는 것이 좋겠습니다. 따뜻한 바람을 쏘이거나 주위의 온도를 올리면 얼음과 입술 사이의 결빙이 풀려 입술에 붙은 얼음을 떼어 낼 수 있다니 말입니다. 입술에 상처를 남기지 말고 얼음을 떼어 내어 멋진 총각을 만날 수 있는 선 자리에 늦지 않도록 하십시오. 이상으로 재판을 마치겠습니다.

재판이 끝난 뒤, 나도도는 재빨리 법원 안의 에어컨을 꺼 버렸고

얼마 후 나도도의 입술에 붙어 있던 얼음이 자연스럽게 떨어져 나
갔다. 그러자 나도도는 장동곤 뺨치는 남자를 만날 생각에 한껏 마
음이 부풀어 거울을 보고 꽃단장을 하기 시작했다.

 응고와 융해

액체 상태의 물질이 고체 상태의 물질로 변하는 것을 응고라고 하고 반대로 고체 상태의 물질이 액
체 상태의 물질로 변하는 것을 융해라고 한다. 응고 과정에서는 외부로 열을 방출하고, 융해 과정에
서는 외부로부터 열을 필요로 한다.

뜨거운 물이 더 빨리 언다고요?

찬물이 빨리 얼까요? 뜨거운 물이 빨리 얼까요?

푹푹 찌는 여름이 왔다. 면빨 선생과 씨원 선생은 꾹꾹 참았던 혈기를 불사르기 위해 바다로 향했다.

해변에는 별천지 같은 세상이 펼쳐져 있었다. 푸르른 바다, 순금 같은 모래사장, 쭉쭉 빵빵 미녀들과 울룩불룩 근육맨들까지…… 바다는 또 다른 세상이었다.

"우아, 진짜 좋지 않냐? 나는 평생 여기서 살고 싶다. 우히히!"

면빨 선생은 너무 기쁜 나머지 해변을 뛰어다녔다. 그런데 씨원 선생의 눈빛이 예사롭지 않았다.

"으흐흐…… 나는 이래서 바다가 좋아. 으흐흐……."

"으악, 이런 변태! 도대체 어딜 보고 있는 거야? 당신도 선생이라고, 거 참!"

"쳇, 자기도 좋으면서…… 홍!"

"근데 정말 쭉쭉 빵빵 미녀들이 많네. 후훗, 저기 저 금발 머리 여자 비키니 입은 것 좀 봐. 무슨 연예인 같지 않냐?"

"우아, 정말 저 여자 영화배우 아냐? 너무 멋진걸. 우리 한번 가까이 가 보자!"

면빨 선생과 씨원 선생은 금발 머리의 미녀에게로 다가가 말을 붙이기로 했다.

"저…… 저, 저기……."

금발 미녀의 어깨를 톡톡 치며 말을 건네는 순간 금발 미녀가 뒤를 돌아봤고, 면빨 선생과 씨원 선생은 순간 경악을 금치 못했다.

"아, 아닙니다. 죄송합니다."

둘은 금발 미녀로부터 황급히 도망쳤다.

"으악, 면빨 선생! 그 여자 봤어? 세상에! 여자가 아니라 옥동자였어!"

"응, 정말 놀랬어. 난 순간 내 눈을 의심했다니까. 세상에! 어떻게 뒷모습이랑 그렇게 다를 수 있지? 아유, 정말 놀랬네."

"우리 특별히 할 것도 없는데 모래찜질이나 하는 게 어때?"

"그거 좋은 생각이야. 후후!"

면빨 선생과 씨원 선생은 해변에 누워 자신의 몸 위에 모래를 붓기 시작했다. 그리고 어느덧 두 사람의 몸 위로 어느 정도 모래가 쌓이자 둘은 따뜻한 햇볕 아래서 스르르 잠이 들었다.

"어이, 씨원 선생! 그만 자!"

"응? 내가 잠들었었나?"

"나도 방금 일어났어. 하하하! 근데 씨원 선생, 얼굴이 그게 뭐야?"

"내 얼굴? 내 얼굴이 어때서? 하하하! 그러는 면빨 선생, 자네 얼굴은 어떻고. 자네 얼굴은 꼭 불타는 고구마 같아."

"뭐? 당신 얼굴은 새까맣게 탄 감자 같은걸."

"뭐야?"

둘은 후다닥 일어나서 화장실로 뛰어갔다.

"으악, 우리 얼굴이 이게 뭐야! 얼굴에 아무것도 안 덮고 땡볕 아래서 잤더니 새까맣게 탔잖아."

"나는 어떻고? 정말 불타는 고구마 같아!"

"우린 이제 어쩌지? 휴가까지 와서 이게 뭐야! 해변에 와서 예쁜 아가씨들이랑 수영도 하고 밤새 즐거운 시간을 보내려고 했는데…… 으악, 억울해!"

"그러게…… 그나저나 면빨 선생, 우리 배도 출출한데 요 앞 냉면 가게에 가서 냉면이나 먹자고. 백두산도 식후경이 아닌가?"

"백두산이 아니라 금강산이겠지. 으이구, 무식한 선생! 그래, 냉면이나 먹고 한바탕 수영이나 하자고."

면빨 선생과 씨원 선생은 그렇게 냉면집으로 향했다.

"여기 물냉면 곱빼기 두 개요. 얼음 잔뜩 넣어서 시원하게 부탁해요."

"네, 알겠습니다."

면빨 선생과 씨원 선생의 새까맣게 탄 얼굴을 본 종업원은 너무 웃겨서 주방으로 오면서 키득키득 웃기 시작했다.

"크크크! 1번 테이블에 얼음 잔뜩 넣어서 시원한 물냉면 곱빼기 두 그릇이요."

"뭐? 지금 얼음이 다 떨어지고 없는데…… 어쩌지?"

"에이, 냉면 가게 주방에 얼음이 없으면 어떡해요? 날씨가 너무 무더워서 손님들이 계속 얼음을 찾을 텐데…… 그럼 제가 일단 손님들께 냉면을 가져다드릴 테니 그사이에 사장님이 얼른 얼음을 만드세요. 찬물로 하면 아마 얼음이 훨씬 빨리 얼 거예요."

주인아줌마는 그 말을 듣자마자 아주 찬물을 받아 냉동실에 얼렸고 종업원은 서둘러 면빨 선생과 씨원 선생에게 냉면을 가져다주었다.

"아니, 냉면에 얼음은 다 어디로 갔어? 이 집 얼음들이 발이 달려서 도망을 갔나?"

"아, 그게 아니고…… 마침 얼음이 똑 떨어져서 지금 얼음을 얼리고 있는 중이에요. 아마 첫 젓가락질을 하시는 순간 얼음이 다 얼테니 조금만 기다려 주세요."

하지만 면빨 선생과 씨윈 선생이 냉면을 다 먹을 때까지 얼음은 나오지 않았고 면빨 선생과 씨윈 선생은 화가 나기에 이르렀다.

"아니, 한여름에 무슨 냉면 가게에서 얼음도 준비를 안 해 놔? 거기다 뭐? 첫 젓가락질을 하는 순간에 얼음이 다 얼 테니 가져다준다고? 이런 뻥쟁이 냉면집을 봤나? 휴가까지 와서 이게 무슨 꼴이야! 이렇게 안 시원한 냉면은 내가 살다 살다 처음 먹어 봐요. 난 도저히 냉면 값을 못 내겠소!"

화가 난 면빨 선생은 결국 식당 밖으로 나가 버렸고 씨윈 선생 역시 냉면 값을 계산하지 않은 채 면빨 선생을 뒤따라 나갔다. 이렇게 해서 냉면 값을 받지 못한 주인은 분을 삭이지 못해 종업원을 불러 따졌다.

"당신이 찬물로 하면 얼음이 더 빨리 언다고 해서 정말 찬물로 했더니 아직도 얼음이 안 얼잖아. 어떻게 할 거야? 당신이 책임져!"

"어? 이상하네…… 얼음은 차가우니까 찬물로 하면 더 빨리 얼 텐데, 왜 그렇지? 그럼 주인아줌마, 우리 화학법정에 의뢰해 봐요. 만약 제 생각이 틀렸다는 판정이 나면 제가 보상할게요. 그럼 되죠?"

뜨거운 물을 얼리면 물의 분자가 큰 에너지를 갖고 있는 만큼
증발이 빨라 열을 더 빨리 잃고 곧 찬물과 같은 온도가 됩니다.
한편 증발된 양으로 인해 남겨진 물의 부피도 감소됩니다.

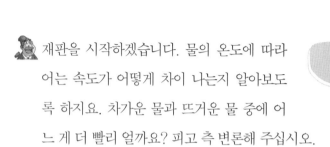

 여기는 **화학법정**

찬물이 뜨거운 물보다 빨리 얼까요?
화학법정에서 알아봅시다.

재판을 시작하겠습니다. 물의 온도에 따라 어는 속도가 어떻게 차이 나는지 알아보도록 하지요. 차가운 물과 뜨거운 물 중에 어느 게 더 빨리 얼까요? 피고 측 변론해 주십시오.

물이 어는 온도는 0°C입니다. 물이 얼기 위해서는 물의 온도가 0°C까지 내려와야 하므로 뜨거운 물보다 차가운 물이 빨리 업니다.

냉면집 주인인 원고는 찬물이 비교적 빨리 언다는 피고의 말을 듣고 찬물을 냉동실에 넣었지만 한참이 지나도록 얼지 않았습니다. 피고 측의 주장과는 상반되는 결과가 아닌가요?

당시 찬물이 빨리 얼지 않았던 것은 냉장고의 성능이 좋지 않았기 때문일 가능성이 큽니다. 냉장고의 냉매가 오래되었거나 성능이 떨어지는 냉장고였다면 물이 어는 데 오랜 시간이 걸렸을 것입니다.

피고 측 변호사는 찬물이 오랫동안 얼지 않은 이유가 성능이 떨어지는 냉장고 때문일 거라고 주장하는데 원고 측도 이 의견에 동의하는지 궁금하군요. 원고 측 변호사 변론해 주세요.

아무리 성능이 좋은 냉장고였더라도 찬물의 어는 속도는 마찬
가지로 느렸을 것입니다.

피고 측의 주장과 달리 원고 측은 찬물이 늦게 언 이유가 냉장
고의 성능과는 상관이 없다는 말인가요? 그렇다면 찬물의 어
는 속도가 느렸던 이유는 무엇입니까?

찬물과 뜨거운 물의 어는 속도가 어떻게 차이가 나는지 알아
보도록 하지요. 냉각 연구 센터의 차가워 박사님을 증인으로
요청합니다.

증인 요청을 인정합니다.

한 손에는 뜨거운 물이 든 컵을, 다른 한 손에는 차가운
물이 든 컵을 든 50대 초반의 남성이 물이 쏟아지지 않도록
조심스러운 태도로 증인석에 앉았다.

찬물과 뜨거운 물을 동시에 냉동실에 넣으면 어느 쪽이 먼저
냉동됩니까?

대부분의 사람들이 물이 얼기 위해서는 0°C라는 낮은 온도에
도달해야 하므로 찬물이 뜨거운 물보다 빨리 언다고 생각합니
다. 하지만 그런 상식과는 달리 뜨거운 물이 먼저 업니다.

뜨거운 물이 먼저 어는 이유는 무엇입니까?

뜨거운 물의 분자는 증기의 형태로 물을 떠날 수 있을 만한 충

분한 에너지를 갖고 있습니다. 이 과정에서 물의 열에너지를 빼앗아 갑니다. 반면 찬물의 분자는 에너지가 낮아서 뜨거운 물의 분자만큼 물 밖으로 많이 튕겨 나가지 못합니다. 다시 말해 뜨거운 물의 분자는 큰 에너지를 갖고 있는 만큼 증발이 빨라 열을 더 빨리 잃고 곧 찬물과 같은 온도가 됩니다. 한편 증발된 양이 어느 정도 있으므로 남겨진 물의 부피도 다소 감소되지요. 때문에 더 낮은 열용량을 유지하고, 이 과정이 반복되어 찬물보다 먼저 얼게 됩니다. 이것은 오래전부터 알려져 온 사실입니다.

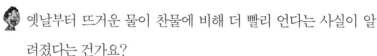 옛날부터 뜨거운 물이 찬물에 비해 더 빨리 언다는 사실이 알려졌다는 건가요?

그렇습니다. 그리스의 아리스토텔레스의 '기상학'에 따르면 얼음낚시를 하기 위해서 낚싯대 주변에 뜨거운 물을 쏟아 부어 더 빨리 얼게 했다고 합니다.

찬물에 비해 뜨거운 물이 빨리 언다는 사실을 알았다면 원고는 뜨거운 물로 빨리 얼음을 만들었겠군요. 원고는 냉면에 얼음이 없다며 화가 나서 음식 값도 계산하지 않고 나간 손님들 때문에 속이 많이 상했을 텐데, 앞으로는 갑자기 얼음을 준비해야 하는 상황이 생기면 뜨거운 물을 이용해 빨리 얼음을 만들 수 있겠습니다. 피고는 원고에게 물냉면 곱빼기의 가격을 보상할 것을 요구합니다.

 찬물보다 뜨거운 물로 얼음을 얼리는 게 훨씬 빠르겠군요. 얼음을 많이 필요로 하는 음식점이나 얼음을 빨리 만들어야 하는 상황에서 유용하게 쓰일 만한 정보군요. 원고는 앞으로 얼음을 급하게 준비해야 할 경우 뜨거운 물을 사용하도록 하세요. 피고는 본인의 실수를 인정하고 원고에게 냉면 값을 보상하도록 하고요. 이상으로 재판을 마치겠습니다.

재판이 끝난 뒤, 종업원은 주인아줌마에게 자신의 잘못을 인정하고 사과했다. 주인아줌마는 자기도 몰랐던 사실이니 괜찮다면서 이번만큼은 그냥 넘어가겠다고 했다. 그 후 급하게 얼음이 필요할 때는 꼭 뜨거운 물로 얼려서 다시는 손님들의 원성을 사는 일이 없었다.

온도의 단위

온도의 단위는 섭씨온도, 화씨온도, 절대 온도로 세 가지로 나뉜다. 물의 어는점을 세 가지 온도의 단위로 비교하면 섭씨온도로는 0℃에서, 화씨온도로는 32°F에서 절대 온도에서는 273K에서 언다고 볼 수 있다.

어깨 팍 도사와 김이 나는 얼음

얼음 덩어리 위에서 피어나는 흰 연기의 정체는 뭘까요?

"여보! 당신 요즘 왜 전화할 때마다 집에 없는 거야? 혹시 다른 남자 생긴 것 아냐? 도대체 무슨 일이야? 왜 집에 안 붙어 있냐고!"

"당신은 알 것 없어요. 내가 나다니긴 어딜 나다닌다고 그래요? 얼른 잠이나 자요."

"뭐라고? 안 나다녔다고? 지금 벌써 이 주째 당신 행동이 이상한 걸 내가 모를 줄 알아?"

"무슨 소리예요? 얼른 잠이나 자자고요. 목소리 좀 낮추고…… 우리 호동이 깨겠어요."

"내가 한 번만 참는다. 한 번만 더 이런 일이 있어 봐라, 내가 그땐 절대로 그냥 못 넘어가."

남편은 그렇게 치밀어 오르는 의심과 화를 억누르며 잠이 들었다.

"아유, 들킬 뻔했네. 남편이 알게 되면 어깨 팍 도사님 근처에도 얼씬 못하게 하겠지? 그러면 안 돼…… 암, 절대로 안 되지!"

다음 날, 호동이 엄마는 아침 일찍부터 호동이를 학교에 보낸 뒤 재빨리 나갈 채비를 서둘렀다. 뽀얗게 화장을 한 뒤 머리에 스카프를 두르고 선글라스까지 단단히 무장한 채 집을 나섰다.

'호호호! 이 정도면 호동이 아빠와 길에서 마주쳐도 날 못 알아보겠지?'

호동이 엄마는 굽이굽이 골목길을 지나 빨간색 벽돌로 지어진 건물 앞에 섰다. 그리고는 이리저리 주위를 살핀 뒤 잽싸게 대문을 열고 들어갔다.

"어깨 팍 어깨 팍팍, 어깨 팍 어깨 팍팍, 어깨 팍 도사님이 맞나요! 후루루키이~ 어깨 팍 도사 맞아~ 어깨가 땅에 닿기도 전에 모든 걸 꿰뚫어 보는 어깨 팍 어깨 팍팍, 어깨 팍 도사란다. 천기누설 어깨 팍!"

"어찌 차도는 보이는고?"

"아니요. 어깨 팍 도사님, 제가 벌써 보름 가까이 여기 와서 정성을 빌고 있지만 호동이 몸무게는 여전히 변함이 없네요. 애가 학교 마치고 와서 저녁상을 차려 주면 입맛이 없다고 밥도 잘 안 먹어요. 그런데도 어떻게 된 게 점점 살이 붙으니…… 세상에, 이제 초등학교 5학년인데 몸무게가 120kg이라니! 어떡하면 좋죠, 어깨 팍 도사님? 요즘은 정말, 호동이만 보면 눈물이 나서 죽겠어요. 이젠 책상에 잘 앉아 있지도 못해요. 책상과 의자 사이로 배가 안 들어가니, 원…… 글쎄 어제는 뭐라는지 아세요? 저희 집 화장실 변기를 좀 큰 걸로 바꿔 달래요. 자기 엉덩이에 비해 너무 작다나? 정말 어쩌면 좋아요, 어깨 팍 도사님…… 제발 좀 가르쳐 주세요."

"뭐? 120kg? 아유…… 정성을 더 보여야 해. 겨우 이 건물을 청소하는 정성으로는 모자라. 호동이에게는 돼지 귀신이 붙어 있어. 돼지 귀신을 떼어 내려면 더 큰 정성이 필요해."

"뭐요? 돼지 귀신이요?"

"그래, 그래서 먹지 않아도 살이 찌는 거야. 돼지 귀신을 떼어 내려면 나, 이 어깨 팍 도사에게 돼지고기를 무한히 바쳐야 한다고. 그래야 돼지 귀신이 호동이에게서 떨어져 나와 나에게로 온다네. 다음에 올 때는 돼지고기를 듬뿍 사 와야 해. 알겠어? 그럼 오늘은 이만 가 보라고."

"네, 잘 알겠습니다. 어깨 팍 도사님, 제발 좀 잘 부탁드립니다."

"아, 그리고 내일 오후에 내가 기적을 보여 줄 테니 빠지지 말고 꼭 참석하도록 해요."

호동이 엄마는 그렇게 집으로 돌아왔다. 그런데 웬일로 호동이 아빠가 일찌감치 퇴근해 자신을 기다리고 있는 게 아닌가!

"당신! 또 어디 갔다 왔어? 이젠 도저히 못 참겠어!"

"여, 여보…… 당신이 어떻게 이렇게 일찍……."

"지금 그게 중요한 게 아니잖아. 당신 도대체 집에는 안 붙어 있고 어딜 그렇게 쏘다니는 거야?"

"저, 저기…… 장 좀 보러 갔다 왔어요."

"뭐? 장을 보고 와? 근데 왜 아무것도 안 사 왔어? 사실대로 말 못해?"

호동이 아빠가 계속해서 자신을 추궁하자 당황한 호동이 엄마는 속상한 마음에 울음을 터뜨렸다.

"여보, 흐흑…… 사실은 제가 말이에요…… 우리 호동이가 요즘 계속 살이 찌잖아요. 저녁밥을 차려 줘도 입맛 없다고 안 먹는 애가 왜 그렇게 살이 찌느냔 말이에요. 흑흑…… 제가 너무 속상하고 걱정이 돼서 어깨 꽉 도사님을 찾아갔었어요. 당신도 알지요, 그 유명한 어깨 꽉 도사님이요. 흑흑…… 근데 세상에, 호동이한테 돼지, 돼지 귀신이 붙었대요. 엉엉……."

"뭐야? 돼지 귀신? 말도 안 되는 소리 하고 있네. 그 말을 믿어?"

그때 마침 호동이가 수업을 마치고 집으로 돌아왔다.

"어, 엄마 왜 울어? 아빠, 엄마 왜 울어요?"

"호동아, 너 요즘 왜 그렇게 밥을 안 먹어? 학교에서 점심은 챙겨 먹고 있는 거냐?"

"아빠, 실은 저 학교 마치고 돌아오는 길에 항상 배가 너무 고파요. 아무리 참으려고 해도 배가 너무 고파서 집에 오는 게 힘들잖아요. 그래서 하교 길에 매일 학교 앞 라면땅 분식점에 들러서 라면 다섯 그릇을 먹고 집에 와요. 그러니 집에 돌아와도 배가 불러서 밥을 못 먹겠더라고요. 미안해요, 엄마."

호동이의 말을 들은 엄마는 순간 너무 기가 차서 말문이 막혔다.

"뭐? 그 살이 다 라면 살이라고? 내 이럴 줄 알았어. 돼지 귀신이 뭐가 어쩌고 어째? 누가 라면을 다섯 그릇씩이나 먹으랬어? 누가!"

엄마가 호동이의 살을 마구 꼬집으면서 호통을 치자 호동이는 따가워서 온몸을 비비 꼬며 방으로 도망갔다.

"것 봐, 여보! 세상에 돼지 귀신이 어디 있어? 내가 그 어깨 팍 도사를 한번 만나 봐야겠어. 당신이 보름 동안 고생한 거 보상받아야지."

"…… 그래도 어깨 팍 도사님이 사기 치실 분은 아니에요. 얼마나 척척 잘 알아맞힌다고요. 참, 어깨 팍 도사님이 내일 오후에 기적을 보여 주신다고 하셨는데 당신도 같이 갈래요? 시간 괜찮아요?"

"그래도 이 사람이 정신을 못 차리고…… 내일 오후? 좋아, 그럼 한번 내 눈으로 직접 확인해 보지, 뭐."

다음 날 오후, 호동이 아빠와 엄마는 어깨 팍 도사의 집으로 향했다. 기적을 보여 준다는 어깨 팍 도사의 말에 이미 많은 사람들이 모여 있었다. 드디어 어깨 팍 도사가 나타났다.

"오늘 나의 기적을 직접 눈으로 확인하기 위해 많은 신도들이 모였구나. 보아라, 나의 힘을! 나의 기적을! 오늘 여러분은 자연도 거스르는 나의 놀라운 기적을 보게 될 것이다. 으하하! 나를 따르라."

어깨 팍 도사가 거대한 얼음을 가지고 나와 얼음 위에 있던 천을 휙 벗겼다. 그러자 커다란 얼음에서 김이 모락모락 나기 시작했다.

"보아라, 얼음에서 김이 나고 있다. 나는 이 얼음으로 불을 만들었느니라. 후후후, 모두들 나의 위대한 기적을 보았느냐?"

그 광경을 지켜보던 사람들이 웅성거리기 시작했다. 그때 갑자기 호동이 아빠가 소리쳤다.

"저런 사기꾼! 어깨 팍 도사는 사기꾼이다. 저건 사기야! 저런 엉터리 눈속임으로 순진한 사람들을 현혹시키다니…… 어깨 팍 도사, 내가 당신을 화학법정에 고소하겠어."

큰 얼음 덩어리 위로 피어오르는 흰 연기는
불로 인해 발생되는 연기가 아니라
얼음 주변의 차가운 공기가 응결된 수증기입니다.

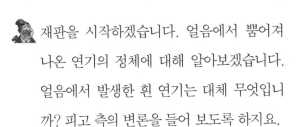

얼음으로 불을 만들 수 있을까요?
화학법정에서 알아봅시다.

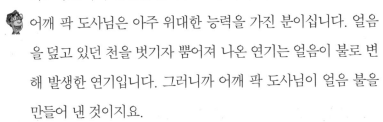

재판을 시작하겠습니다. 얼음에서 뿜어져 나온 연기의 정체에 대해 알아보겠습니다. 얼음에서 발생한 흰 연기는 대체 무엇입니까? 피고 측의 변론을 들어 보도록 하지요.

어깨 팍 도사님은 아주 위대한 능력을 가진 분이십니다. 얼음을 덮고 있던 천을 벗기자 뿜어져 나온 연기는 얼음이 불로 변해 발생한 연기입니다. 그러니까 어깨 팍 도사님이 얼음 불을 만들어 낸 것이지요.

아무리 용한 도사라도 얼음을 불로 만들었다는 것이 쉽게 믿기지 않는데요?

불가능한 일을 가능하게 만드는 게 어깨 팍 도사님의 위대한 능력입니다. 불을 피우면 어김없이 흰 연기가 올라옵니다. 어깨 팍 도사님이 이번에 보여 준 얼음 위의 연기도 불을 피울 때 피어나는 그 연기와 같은 것인데 얼음이 불로 변했다는 것을 믿지 못하는 이유가 도대체 뭡니까?

피고 측의 변론이 믿을 만한 것인지는 더 두고 봐야겠습니다. 원고 측은 흰 연기의 정체에 대해 어떤 주장을 펼칠지 들어 보도록 하지요.

 얼음과 불은 성질이 너무 다른 물질입니다. 피고 측 주장은 도
저히 납득할 수 없는 억지에 불과합니다. 얼음에서 피어나는
연기는 불에서 피어오르는 연기와는 아무런 관계가 없습니다.

 그럼 얼음에서 피어나는 연기는 대체 뭡니까?

 얼음에서 피어오르는 흰 연기가 어떤 물질이며 그 발생 원리
는 무엇인지 알아보도록 하지요. 이와 관련한 도움 말씀을 해
주실 물질 상태 연구소의 강응결 팀장님을 증인으로 요청합
니다.

 증인 요청을 허락합니다.

고체, 액체, 기체 상태의 물을 각각의 통에 담은 50대 후
반의 남성이 얼음이 녹을까 봐 걱정되는 듯 두 팔로 얼음
통을 애지중지하며 증인석에 앉았다.

 큰 얼음 덩어리를 천으로 덮어 두었다가 벗겨 내면 얼음 위로
흰 연기가 몽골몽골 피어오르는 것을 관찰할 수 있는데요, 이
러한 연기는 어떻게 해서 생기는 겁니까?

 먼저 피고 측에서는 이 연기가 불을 피움으로써 발생되는 연
기라고 했는데 이것은 전혀 근거가 없는 주장입니다. 얼음 위
로 피어오르는 흰 연기는 불로 인해 발생되는 연기가 아니라

과학공화국
화학법정 8

얼음 주변의 차가운 공기가 응결된 수증기입니다. 물의 온도가 0℃가 되면 물은 얼음으로 바뀝니다. 얼음은 굉장히 차가운 상태의 물질이므로 얼음 주변의 공기도 매우 차가워지지요. 그러면 찬 얼음 주위의 수증기가 온도가 내려가면서 액체인 물방울로 변해 김이 생기지요.

 응결이란 무엇입니까?

응결이란 공기가 이슬점 이하로 냉각되면서 포화 상태가 되어 수증기가 물방울로 맺히는 현상을 말합니다. 온도가 낮아지면 공기가 수증기를 함유할 수 있는 양이 줄어듭니다. 커다란 얼음은 주변의 온도를 떨어뜨리고 공기를 냉각시킵니다. 수증기를 함유할 수 있는 양이 감소되어 수증기가 물방울로 맺히게 되는 것이지요. 즉 공기의 냉각이 응결의 주원인인 셈이지요.

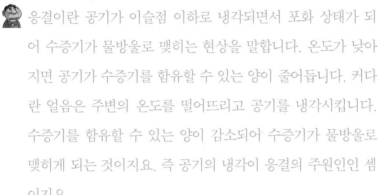 응결의 주원인이 공기의 냉각이라면 공기가 냉각되는 원인은 뭔가요?

공기가 냉각되는 주요 원인으로는 상승 기류의 단열 팽창, 따뜻한 공기와 한랭한 공기와의 혼합, 차가운 지면 또는 해면과의 접촉 등이 있습니다. 얼음 주위의 수증기는 공기가 냉각되어 응결된 물방울로 대류에 의해 오르락내리락하면서 우리 눈에는 마치 흰 연기처럼 보이는 것이지요.

응결로 인한 현상에는 이 밖에 어떤 것들이 있습니까?

수증기의 응결로 인해 구름이나 안개가 생기거나 이슬이 맺히기도 합니다. 상승 기류의 단열 팽창의 경우 구름이 생기고, 따뜻한 공기와 한랭한 공기가 혼합되어 안개 또는 구름이 생성됩니다. 또한 차가운 지면이나 해면과 접촉하는 경우에는 이슬이나 서리가 맺히기도 합니다. 대기 중에서는 공기가 거의 포화 상태에 도달했을 때 응결이 일어나는데, 생활 속에서 볼 수 있는 응결 현상으로는 여름철 찬 얼음물이 든 컵의 바깥면에 생기는 물방울을 그 예로 들 수 있습니다. 이러한 현상은 컵의 바깥 면에 있던 수증기가 냉각되면서 물방울로 맺히는 것입니다. 또한 겨울철 아침 유리창에 물방울이나 성에가 생기는 것도 응결에 의한 현상입니다.

기체가 열을 잃어 버려 액체로 변하는 것이 응결이군요. 얼음을 불로 변화시켜 피어오르는 흰 연기를 만들었다는 어깨 팍 도사의 주장은 전혀 근거가 없는 사실무근의 말입니다. 이 같은 엉터리 주장으로 사람들을 현혹시키고 판단력을 흐리게 한 어깨 팍 도사는 즉시 발언을 중단하고 피해자들에게 정중히 사과해야 합니다.

지금까지의 변론 내용으로 봐서 얼음에서 나온 흰 연기는 얼음 주위의 공기가 냉각되면서 응결한 물질로 판단됩니다. 흰 연기의 정체에 대해 거짓말한 어깨 팍 도사는 피해자들에게 진심으로 사과하도록 하세요. 어깨 팍 도사가 이번 일을 뉘우

치지 않고 앞으로도 근거 없는 주장을 반복한다면 그때는 그에 따르는 책임을 면할 수 없을 것입니다. 이상으로 재판을 마치겠습니다.

재판을 통해 어깨 팍 도사의 사기 행각이 밝혀지자 어깨 팍 도사를 찾는 사람들의 발길이 뜸해졌고, 손님이 없자 쫄쫄 굶게 생긴 어깨 팍 도사는 어깨 팍 도사라는 이름을 팔뚝 팍 도사로 바꿔 다른 도시로 이사를 가 버렸다.

 상대 습도

우리가 통상적으로 말하는 습도는 상대 습도를 말하는 것인데, 일정 온도에서 일정 부피 안에 최대로 포함될 수 있는 수증기의 양은 한계가 있으며, 현재의 수증기량을 이 최대값으로 나누어 백분율로 표현한 것을 습도라고 한다.

물 끓이기 대소동

보지 않고 소리만으로 물이 끓는지 알 수 있을까요?

사건속으로

"소타, 넌 꼭 승리해야 해!"

"걱정 마세요! 꼭 승리할 테니…… 엄마, 저를 지켜
봐 주세요!"

김소타는 어릴 적부터 라면 끓이기의 신동이었다. 김소타가 다섯
살 때의 일이었다.

"엄마, 오늘 점심은 준비하지 마세요. 제가 한번 해 볼게요."

"뭐? 소타야, 넌 이제 겨우 다섯 살이야. 하하하! 밥이라도 지을
수 있겠니?"

"나만의 비밀 무기가 있어요. 후후!"

소타는 대뜸 냄비를 가져오더니 물을 끓이기 시작했다. 그리고는 면을 재빨리 삶아 건져 낸 뒤 프라이팬으로 옮겨, 참기름과 간장, 마늘, 양파 등을 넣어 함께 살짝 볶았다. 다음에는 냄비에 스프와 간장, 고춧가루, 후춧가루를 넣고 마법의 소스를 한 방울 떨어뜨려 국물을 만들어 끓인 다음 준비해 놓은 면을 냄비에 넣고 마지막으로 조개와 새우를 넣어 라면을 완성했다.

"여기, 소타표 특제 라면 대령이오."

"하하하! 소타표 특제 라면? 우아! 소타야, 정말 맛있어 보이는 구나."

"후훗! 엄마, 그만 지켜보고 한번 드셔 보세요. 국물이, 국물이 끝내 줘요."

"그럴까? 그럼 어디 한번…… 헉, 이 맛은…… 세상에! 국물이 내 몸속으로 들어가 춤을 추고 있어. 이 맛은 뭐지? 지금까지 한 번도 맛보지 못했던 이 맛은? 이건 바로 신의 라면이야!"

소타의 엄마는 소타가 끓인 라면의 맛에 반해 잠시 정신이 혼미해졌다. 잠시 뒤, 소타의 엄마가 다시 정신을 차려 말했다.

"내 아들 소타야, 네가 끓인 라면은 신의 라면이야! 이 솜씨를 그냥 썩혀서는 안 돼! 네 실력을 더욱 갈고 닦아서 세계 최고의 라면 요리사가 되는 거야! 오, 우리 소타, 그렇게 할 수 있지?"

"응, 엄마. 나는 세계 최고의 라면 요리사가 될 거야!"

그날 이후 소타는 눈이 오나 비가 오나 맛있는 라면을 끓이기 위해 라면 요리 연습에 몰두했다.

그런 소타에게는 극복해야 할 시련도 많았다. 소타의 아버지가 갑자기 쓰러지시는 바람에 소타가 가족의 생계를 책임져야 했던 것이다. 그럴수록 소타의 엄마는 소타를 더욱 강하게 키웠다.

"소타야, 넌 신경 쓸 필요 없어. 우리 가족은 엄마가 지킨다. 넌 세계 최고의 라면을 만드는 일에만 전념해. 알겠지, 소타야? 자, 더 힘내고…… 소타, 파이팅!"

소타는 더욱 이를 악물고 많은 스승을 찾아다니면서 더 쫄깃한 면을 삶는 법, 더 깊고 진한 국물을 우려내는 방법 등 소중한 라면의 비법을 전수받았다. 라면에 대한 소타의 강한 열정은 많은 사람들이 소타를 인정하게 되는 결정적 계기가 되었다. 소타는 점차 떠오르는 라면왕으로 이름을 날리게 되었다.

"여기, 혹시 소타네 집이 맞나?"

"네, 맞습니다만……."

한눈에도 매우 사나워 보이는 한 남자가 소타의 집으로 들어왔다.

"소타는 지금 어디 있지?"

"소타는 잠시 외출 중인데요, 왜…… 그러시죠?"

남자는 아무런 대꾸도 없이 지갑에서 명함을 한 장 꺼내어 소타의 엄마에게 건넸다.

"소타한테 전해. 살고 싶으면 이번 과학공화국 라면왕 대회에는

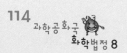

코빼기도 보이지 말라고 말이야."

"뭐, 뭐라고요?"

남자의 말에 소타의 엄마는 그 자리에 털썩 주저앉고 말았다. 남자는 그렇게 휙 소타의 집을 나갔고, 잠시 후 소타가 돌아왔다.

"엄마, 왜 바닥에 앉아 계세요?"

"소타야…… 어떤 남자가 너를 찾아왔었다. 여기 명함을 보렴. 그 남자가 너에게 전하라더라. 살고 싶으면 이번 과학공화국 라면왕 대회에 얼씬대지 말라고……."

소타는 명함을 보았다.

"아니, 이 자식은…… 손사키잖아! 엄마, 걱정하지 마세요. 손사키는 시내 부잣집 라면 가게 아들인데 제가 하는 일마다 사사건건 방해를 했었죠. 이번엔 또 어떤 꿍꿍이속인지 모르지만 어림도 없어요. 엄마! 이번 대회에서는 기필코 제가 1등을 하겠어요. 반드시!"

소타는 그렇게 해서 라면왕 대회에 출마하게 되었다. 그동안 라면에 대한 소타의 끊임없는 노력과 식지 않는 열정을 지켜본 많은 사람들이 소타를 응원하러 와 주었다. 대회장에는 역시 손사키의 모습도 보였다.

"소타, 난 분명 살고 싶으면 이 대회에 나오지 말라고 경고했어! 하긴, 어차피 승리는 내 것이니까."

"뭐라고? 손사키, 너 또 무슨 비겁한 짓을 하려고 그러는 거야?

우리 정정당당하게 승부를 내자."

"정정당당? 웃기는 소리 하고 있네. 후훗!"

드디어 손사키의 요리 순서가 끝나고 심사 위원들의 시식과 평가의 시간이 시작됐다. 손사키는 역시 부잣집 라면 가게 아들답게 최고급 재료만을 엄선해 라면을 끓였다. 과학공화국에서는 구하기 힘들다는 상어 지느러미까지 구해 와 국물을 우려냈던 것이다. 손사키의 라면 요리를 평가할 차례였다. 심사 위원들은 손사키의 라면을 조금씩 맛보기 시작했다.

"오! 정말 맛있군요. 이렇게 맛있는 라면은 내 난생처음 먹어 봅니다. 향기에서부터 벌써 고급스러운 냄새가 나는군요. 오~ 정말 대단합니다."

'역시 부잣집 아들답군. 후훗! 하지만 나에게는 어릴 적부터 수십 년 간 연구해 온 나만의 마법 소스가 있다고. 절대로 손사키에게 질 수 없어!'

마침내 소타의 차례가 되었다. 소타는 맛있는 국물을 우려내기 위해 지난 10년 동안 준비해 온 온갖 재료들로 마법의 소스를 만들었다. 그런데 가스레인지의 불을 켜는 순간, 갑자기 정전이 되고 말았다.

"아니, 이게 무슨 일이지? 갑자기 정전이 되다니! 아무것도 보이지 않잖아!"

갑작스러운 정전에 대회장이 소란스러워지자 사회자가 장내를

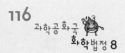

정리하려는 듯 말문을 열었다.

"네, 갑자기 대회장 안이 정전이 되었는데요, 참가자 분들께서는 침착하게 계속 라면을 끓여 주시기 바랍니다. 전기가 곧 들어오게 조치를 취하겠습니다."

"어떡하지? 물이 끓는지 안 끓는지조차 보이지 않잖아. 물이 끓는 순간 재빨리 면을 넣어야 하는데…… 혹시 이것도 손사키의 방해 작전 아니야? 아냐…… 이럴수록 더욱 정신을 차려야 해!"

아무것도 보이지 않자 소타는 어쩔 수 없이 물이 끓는지조차 확인하지 못하고 면을 넣었다. 그리고 몇 분 뒤…… 라면을 건져 내었지만 라면은 덜 익어 있었다. 곧 불이 들어왔고, 소타의 요리 시간도 마감되었다. 심사 위원들이 하나 둘, 소타의 라면을 맛보기 시작했지만 덜 익은 면 때문인지 하나같이 인상을 찡그릴 뿐이었다.

"네, 이제 우승자를 발표하겠습니다. 이번 과학공화국 라면왕은…… 두구두구 두두두…… 네, 바로 손사키입니다!"

소타는 너무 억울하고 속상한 마음에 끝내 울음을 터뜨리고야 말았고 이내 심사 위원들에게 가서 사정을 설명하기 시작했다.

"정전 때문에 아무것도 보이지 않아 물이 끓는 것을 알아볼 수 없었습니다. 제 라면이 덜 익은 건 순전히 정전 때문입니다. 저는 누구보다 많은 노력을 해 왔고 그만큼 제 라면에 자신 있었습니다. 제발 한번만 더 기회를 주시면 심사 위원님들께 신의 라면을 선물하겠습니다."

하지만 주최 측에서는 참가자에게 다시 한번 기회를 주는 것은 있을 수 없는 일이라며 소타의 말을 무시했다.

그러자 화가 난 소타가 말했다.

"정전은 주최 측의 잘못이잖아! 한번 더 기회를 주지 않으면 주최 측을 화학법정에 고소하겠어!"

주전자나 냄비 등의 용기에 물을 넣고 가열하면
맨 밑층 물의 온도가 먼저 가열되어 수증기 방울이 생깁니다.
이 수증기 방울은 물보다 가볍기 때문에 위로 떠올라 위에 있던
덜 데워진 찬물과 만나 터집니다.

여기는 **화학법정**

정전이 되면 물이 끓은 순간을 알 수 없을까요?
화학법정에서 알아봅시다.

재판을 시작하겠습니다. 라면을 맛있게 끓이기 위해서는 먼저 물이 끓어야 합니다. 라면왕 대회 도중 정전이 되어 물이 끓는 것을 확인할 수 없었던 의뢰인이 억울하다면서 고소를 했군요. 정전으로 인해 물이 언제 끓는지 확인할 수 없었던 의뢰인이 맛있는 라면을 끓이는 것에 실패했다면 이것은 주최 측의 책임일까요? 원고 측 변론하세요.

시각 장애인은 생활하는 데 매우 불편한 점이 많습니다. 앞을 보지 못한다는 것은 모든 상황에서 시각 장애인들을 힘들게 만들지요. 요리를 할 때 정전이 되었다는 것은 비장애인이 시각 장애인이 되었다는 것과 마찬가지입니다. 갑자기 눈앞이 보이지 않으면 물이 끓는 것을 알 수 없습니다. 물이 언제 끓는지 알 수 없으니 면을 언제 넣어야 하는지도 판단이 서지 않지요. 의뢰인은 정전 탓에 면을 덜 익게 요리했습니다. 아무리 좋은 재료나 훌륭한 소스로 라면을 끓였더라도 덜 익은 면으로는 맛있는 라면이 탄생될 수 없습니다. 주최 측의 관리 소홀로 요리 대회 중에 정전이 발생했으므로 라면왕 대회의 재경

연을 요청하는 바입니다. 주최 측은 재경연을 벌일 수 있도록 조치를 취해 주십시오.

정전 시에는 할 수 있는 일이 거의 없긴 합니다. 물은 가스로 끓이니까 전기는 꼭 없어도 될 것 같지만 아무것도 보이지 않아 물을 제대로 끓일 수 없었다고 하니 정전에 대한 주최 측의 책임도 묻지 않을 수 없군요. 전기가 나간 상황에서 물이 끓는 것을 제대로 확인할 수 없었다는 원고 측의 주장에도 일리는 있지만 피고 측 주장도 무시할 수 없으니 피고 측 변론도 들어 보도록 하지요.

물은 빛이 아닌 가스불로 끓이는 것입니다. 대회장에서 정전이 일어나긴 했지만 가스가 끊긴 것은 아니므로 물이 끓는 것을 확인하는 데는 지장이 없었다고 봐야 합니다.

정전으로 인해 아무것도 보이지 않는 상황인데 요리를 하는데 지장이 없었다고 말할 수 있을까요?

보이지 않는다고 모든 게 불가능한 것은 아닙니다. 보이지 않아도 물이 끓고 있는지 확인할 수 있는 방법이 있으니까요.

보지 않고도 물이 끓는지 어떻게 압니까?

인간에게는 오감이 있습니다. 시각은 인간의 오감 중 한 가지 감각일 뿐이지요. 이것을 달리 말하면 시각 외에도 네 가지의 감각이 더 남아 있다는 의미입니다. 청각만으로도 물이 끓는지를 얼마든지 알 수 있습니다.

소리만으로 물이 끓는지를 알 수 있습니까? 물이 끓게 되면 사람에게 알려 준다는 건가요?

어떻게 보면 물이 스스로 알려 준다고 볼 수도 있겠네요. 하하하! 이와 관련해 말씀해 주실 증인을 모셨습니다. 한국 청각 발달 협회의 다들려 회장님을 증인으로 요청합니다.

증인 요청을 받아들이겠습니다.

큰 귀에 두툼한 귓불이 인상적인 50대 초반의 남성이 귀마개를 한 채 증인석으로 걸어 들어왔다.

라면을 끓이려면 먼저 물을 잘 끓여야 하는데 정전으로 물이 언제 끓는지 알 수 없다면 그 밖에 확인할 수 있는 다른 방법은 없습니까?

물론 있습니다. 정상적인 청력을 가진 사람이라면 물이 끓는 소리를 통해 물이 끓고 있는지의 여부를 알 수 있습니다.

소리를 통해 물이 끓고 있는지 알 수 있다는 뜻인가요?

맞습니다. 주전자를 가스레인지 위에 올려놓으면 잠시 뒤에 보글보글 끓는 소리가 들립니다. 그러다가 이 소리가 점점 커지고 물이 다 끓기 시작하면 갑자기 잦아듭니다. 실제로 우리는 물이 다 끓기 시작하는 것을 물 끓는 소리가 갑자기 약해지는 것을 듣고 압니다.

과학공화국
화학법정 8

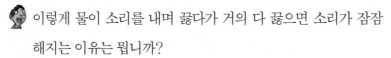 이렇게 물이 소리를 내며 끓다가 거의 다 끓으면 소리가 잠잠해지는 이유는 뭡니까?

주전자나 냄비 등의 용기 안에서 맨 먼저 가열되는 곳은 용기의 바닥에 닿아 있는 물층입니다. 가열로 인해 맨 밑층 물의 온도가 올라가면 수증기 방울도 맨 밑바닥에서부터 생기기 시작하지요. 수증기 방울은 물보다 가볍기 때문에 위로 올라가고, 떠오르면서 점점 팽창되었다가 위에 있던 덜 데워진 찬물과 만나 결국엔 터지게 됩니다. 이처럼 수많은 수증기 방울들이 터지는 소리가 합쳐져 보글보글 끓는 소리로 들리는 거지요. 가열이 계속될수록 수증기 방울들이 점점 더 증가되고 더 많이 터지면서 용기 속의 물 끓는 소리 또한 점점 더 크게 들리는 것이고요.

아직도 잘 이해가 되지 않는데요…….

그러니까 용기 속의 물이 모두 끓게 되면 수증기 방울은 더 이상 터지지 않습니다. 그 이유는 물 전체가 같은 온도에 도달해서 더 이상 찬물이 존재하지 않고 수증기도 수축되지 않기 때문입니다. 이때가 되면 소리가 잦아들어 용기 속의 물 전체가 끓게 된다는 것을 알게 되지요.

물이 막 끓기 시작했을 때는 소리를 내다가 물 전체가 다 끓게 되면 소리를 죽인다니…… 마치 물이 자기의 상태를 알려 주는 신비한 마법 같군요. 정전이 되더라도 청력에 문제만 없다면 물이 끓는 순간을 알아챌 수 있군요. 따라서 정전은 이번 대회의 재경연을 요구할 만한 사유가 될 수 없습니다.

원고가 정전 탓에 훌륭한 라면을 끓이기가 곤란했다는 점은 인정합니다. 하지만 이것이 이번 대회에서 우승하지 못한 이유라고는 말할 수 없겠군요. 위기의 순간이나 또는 평상시에도 오감을 자유자재로 활용할 수 있는 능력 역시 훌륭한 요리사가 갖춰야 할 자질이라고 할 수 있습니다. 원고의 안타까운 마음을 되새겨서 내년 대회에서는 더욱 좋은 성적을 거둘 수 있기를 바랍니다. 이상으로 재판을 마치겠습니다.

재판이 끝난 후, 소타는 아쉽지만 패배를 인정했다. 대신 내년 대회에서는 꼭 우승하겠다고 다짐하면서 하루하루 더 훌륭한 신의 라면을 만들기 위해 노력하고 있다.

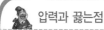 **압력과 끓는점**

물이 끓는 온도를 끓는점이라고 하는 데, 이는 압력과 밀접한 관계가 있다. 즉 압력이 높을수록 물의 끓는 온도는 높아지고 반대로 압력이 낮으면 물의 끓는 온도는 낮아진다. 그러므로 높은 곳으로 올라가면 기압이 낮아 물이 100℃보다 낮은 온도에서 끓게 된다.

물 컵 때려 데우기

음식물을 익히는 전자레인지의 원리는 무엇일까요?

사건속으로

시트콤 같은 인생을 사는 왕꼴찌의 고등학교 2학년 시절 수학 시간이었다. 당시의 수학 선생님은 아이들 사이에서 '미친 곰'이라는 별명으로 불리는, 마치 디아의 바바리안을 연상케 하는 엄청 무식한 선생이었다. 수학 문제 풀이 위주로 진행됐던 수업 시간은 공포 그 자체였다.

"오늘이 며칠이지? 11일인가? 흠…… 그럼 15번, 25번, 35번…… 나와서 문제 풀어 봐!"

항상 날짜를 물은 뒤 날짜와는 전혀 상관이 없는 번호를 지목하던 수학 선생님 때문에 왕꼴찌처럼 수학을 못하던 학생들에게 수학 수업이 있는 날은 갑자기 배탈이 날 만큼 무섭고 두려운 시간이었다.

그날은 왕꼴찌가 유난히 졸음이 쏟아지던 날이었다. 수학 시간에 조는 건 곧 죽음을 의미했기에 왕꼴찌는 졸음을 쫓기 위해 온몸을 꼬집거나 비비 꼬는 등 별짓을 다해 보았다. 그러나 한번 밀려온 졸음은 쉽게 가실 줄 몰랐고, 왕꼴찌는 어느새 졸고 있는 자신을 발견하곤 소스라치게 놀라며 눈을 뜨곤 했다. 그러다가 정말 수학 선생님에게 맞아 죽을지도 모른다는 데 생각이 미친 왕꼴찌는 졸음을 깨기 위해 바늘로 허벅지를 찔러 보았지만 효과는 없고 고통스럽기만 했다.

그렇게 지옥 같은 수학 시간이 끝나고 항상 너그럽게 아이들을 챙겨 주시는 과학 선생님의 과학 수업이 시작되었다. 그날 수업의 주제는 전자레인지의 원리에 대한 것이었다.

"전자레인지는 물 분자를 때려서 에너지를 전해 준다."

왕꼴찌는 그날 배운 과학 수업 내용을 주의 깊게 듣고는 집으로 돌아와 컴퓨터를 켜서 자신의 미니홈피 게시판에 이렇게 썼다.

컵 안에 물을 넣고 바닥을 계속 때리면 컵의 진동으로 인해 물 분자에 자극이 가해져 물이 끓을 것이다.

그리고는 한참 온라인 게임을 하다가 자신의 미니홈피에 들어간

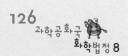

왕꼴찌는 어마어마한 방문자 수에 혀를 내둘렀다. 방문자 수가 4,269,779명에 달했던 것이다. 거대한 방문자 수만큼이나 수많은 사람들이 왕꼴찌가 게시판에 쓴 글에 많은 댓글들을 달아 놓았다.

왕꼴찌는 그저 과학 시간에 배운 내용에 대해 생각해 보고 자신의 의견을 올린 것뿐인데 이렇게 많은 사람들이 방문해 왈가왈부하는 게 그저 놀라울 뿐이었다. 그때 가장 최근에 달린 댓글이 왕꼴찌의 눈에 띄었다.

저건 말도 안 돼! 이것 쓴 놈 분명 반에서 꼴찌 하는 무식한 놈일 거야!

이 댓글을 읽은 왕꼴찌는 순간 화가 치밀어 올라 그 글을 쓴 악플러를 화학법정에 고소해 버렸다.

전자레인지에 음식물을 넣으면 2450MHz의
매우 빠른 속도의 마이크로파가 음식물에 침투해
마찰열을 발생시켜 음식물을 익힙니다.

**컵 안에 물을 넣고 컵 바닥을 때리면
물이 데워질까요?**
화학법정에서 알아봅시다.

재판을 시작하겠습니다. 전자레인지가 물
을 데우는 원리처럼 물이 든 컵에 인위적인
힘을 가하면 물을 데울 수 있을까요? 원고
측 변론해 주십시오.

전자레인지는 물 분자에 자극을 주면서 에너지를 가해 물을
데우거나 끓입니다. 이러한 원리를 응용한다면 컵 안에 물을
넣고 컵 바닥을 계속 때려도 물에 에너지가 전달되어 물을 끓
일 수도 있을 것 같은데요, 원고는 이러한 자신의 의견을 미니
홈피 게시판에 올렸고 얼마 후 어마어마하게 많은 사람들이
방문해 수많은 댓글을 달았습니다. 그런데 아주 고약한 악플
러가 원고의 의견에 대해 '꼴찌를 하는 놈'이라는 등, '무식한
놈이 쓴 글'이라는 등 매우 모욕적인 댓글을 달았습니다. 원고
의 의견을 모독한 악플러에게 타당한 조치를 취해 주십시오.

실제로 컵 속에 물을 넣고 물이 끓을 때까지 컵 바닥을 계속
때리기에는 상당한 시간이 걸릴 것 같은데요, 실험은 해 보셨
습니까?

실험해 보나 마나 가능한 일입니다. 전자레인지가 하는 일을

사람인들 왜 못합니까? 하하하!

실제로 실험에 성공한 예도 없는데 원고 측 의견을 어떻게 믿을 수 있겠습니까? 피고 측은 어떤 주장을 펼치는지 들어 보도록 하지요.

피고가 원고의 의견에 악플을 단 것은 잘한 일은 아닙니다. 하지만 원고의 의견이 너무도 어이가 없어 저절로 악플을 달 수밖에 없었다고 합니다.

원고의 의견대로 실현되는 건 절대 불가능하다는 말입니까?

그렇습니다. 전자레인지를 통해 물에 진동을 주는 것은 사람이 직접 진동시키는 것과 그 속도에서부터 엄청난 차이가 납니다. 전자레인지의 진동 속도를 사람이 따라갈 수는 없습니다. 전자레인지로 물을 끓이는 원리와 사람이 직접 컵에 자극을 주는 것에 어떤 차이가 있는지 알아보겠습니다. 진동 연구소의 잘흔들 팀장님을 증인으로 요청합니다.

증인 요청을 수락합니다.

머리를 좌우로 흔들면서 법정으로 들어온 50대 초반의 남성은 허리와 엉덩이도 뒤뚱뒤뚱 흔들면서 증인석으로 걸어 들어왔다.

전자레인지의 물을 끓이는 원리는 무엇입니까?

전자레인지에 음식물을 넣으면 2450MHz의 매우 빠르게 진동하는 전자파가 음식물 내부에 침투하게 됩니다. 이 전자파는 마이크로파로서 음식물의 분자를 빠르게 진동하게 만들어 마찰열을 발생시킵니다. 전자레인지의 마이크로파는 물 분자를 최대한으로 진동시키기에 적당한 진동수이며 이러한 물 분자의 진동으로 인해 물의 온도가 올라가게 됩니다.

 진동수는 무엇입니까?

 진동 운동에서 물체가 일정한 왕복 운동을 반복할 때 단위 시간당 반복 운동이 일어난 횟수를 진동수라고 합니다. 여기서 2450MHz란 초당 2450×10^6의 진동수만큼 진동한다는 뜻이지요.

 전자레인지로 물을 끓이는 것과 가스레인지 등의 가열 기구로 물을 끓이는 것은 어떻게 다른가요?

 가스레인지 등의 가열 기구로 물을 끓일 때는 이 가열 기구에서 발생한 열에너지가 용기 속 물 분자에 전달되어 물 분자가 데워지거나 끓게 되는 것입니다. 마이크로파로 물 분자에 진동을 줘서 물을 데우거나 끓이는 전자레인지의 원리와는 확실히 다르지요.

 그렇군요. 그러면 전자레인지로 물을 끓이는 것처럼 컵 안에 물을 넣고 컵을 탁자에 두드리면서 자극을 주면 컵 안의 물을 끓일 수 있습니까?

물이 끓기 위해서는 진동 에너지가 전달되어야 하는데 컵을 탁자에 대고 두드리면 확실히 컵에 에너지가 전달되기는 하지만 대부분의 에너지가 컵으로 전달됩니다. 이론상으로는 컵과 물의 온도가 모두 올라가는 게 맞지만 이때는 열 전달 효율이 극히 낮기 때문에 물의 온도 변화는 미미합니다.

 그러면 컵을 탁자에 두드려 물을 끓게 하는 것이 불가능하다는 말씀인가요?

 컵을 탁자에 두드려서 물을 끓게 하려면 1000년 혹은 2000년 동안 계속 두드려야 할지도 모르겠네요. 그건 거의 불가능할 테니 그냥 가스레인지나 전자레인지로 물을 끓이는 게 낫겠지요. 하하하!

 아쉽게도 원고의 주장처럼 직접 컵을 탁자에 두드려서 물을 끓이는 방법은 불가능에 가깝다고 할 수 있습니다.

 컵 안에 물을 넣고 탁자에 두드려서 물을 끓이는 방법이 가능하다는 원고의 기대가 무너졌군요. 하지만 다양한 상상의 나래를 펼치면서 가능성이 있어 보이는 과학적 사고를 연습하

 승화

승화는 고체가 열을 흡수하여 액체 상태를 거치지 않고 바로 기체 상태로 변하는 현상 또는 기체가 냉각되면서 액체 상태를 거치지 않고 바로 고체 상태로 변하는 현상을 말한다. 예를 들면 옷장 속에 넣은 나프탈렌의 크기가 점점 줄어드는 것, 겨울에 언 빨래가 마르는 것, 나뭇잎에 서리가 내리거나 창문에 성에가 끼는 것 등을 승화라고 한다.

는 것은 좋은 습관인 것 같습니다. 원고의 주장은 거의 불가
능에 가깝다는 결론과 함께 악플 역시 하루빨리 사라졌으면
하는 바람입니다. 원고의 주장에 악플을 단 피고는 원고를 모
독한 것에 대해 진심으로 사죄하십시오. 이상으로 재판을 마
치겠습니다.

비록 재판을 통해 왕꼴찌의 주장이 터무니없다는 사실이 밝혀졌
지만 악플로 인해 상처받은 왕꼴찌에게 악플러들의 사과 세례가 이
어졌다. 왕꼴찌는 이 사건 이후 반드시 실현 가능한 과학 아이디어
를 생각해 내겠다며 매일매일 열심히 공부하고 있다.

빈의 열복사 법칙

독일의 물리학자 빈(1864~1928)이 발견한 열복사 법칙은 가열된 물체의 온도와 가열된 물체에서 나오는 빛 간의 색깔의 관계를 다루는 법칙입니다.

빈은 4년 동안 독일 국립 물리공업 연구소에서 가열된 철물의 온도에 대해 연구했는데 그 시절에 가열된 철물의 온도에 따라 철물의 색깔이 달라진다는 사실을 발견하게 됩니다.

그는 철물의 온도가 낮을 때는 붉은빛 계열을 띠다가 온도가 점점 올라갈수록 노랑, 파랑, 보라 계열을 띠고 온도가 더욱더 올라가면 모든 색깔의 빛이 합쳐져 흰빛을 낸다는 사실을 발견합니다.

또한 빈은 빛은 파동이며, 빛의 색깔은 빛의 파장과 관련이 있으므로 가열된 물체에서 나오는 빛의 온도와 여기서 나오는 빛의 파장 간에 어떠한 관계가 있을 것이라고 생각했습니다.

빛의 파장은 보라색에서 붉은색으로 갈수록 점점 길어집니다. 예를 들어 가시광선의 경우, 보랏빛의 파장은 380나노미터 정도이고 붉은빛의 파장은 760나노미터 정도입니다. 여기서 나노미터란 아주 작은 길이를 나타내는 단위로 1미터를 10억 등분했을 때 한 조각의 길이입니다.

이렇듯 빛의 파장은 매우 짧으며, 우리가 눈으로 볼 수 있는 가시광선의 범위는 380나노미터에서 760나노미터 정도의 파장인 빛입니다.

물론 우리가 눈으로 볼 수 없는 빛도 있습니다. 파장이 380나노미터보다 짧거나 760나노미터보다 길면 우리의 눈에는 보이지 않는데 380나노미터보다 짧은 파장의 빛을 보라색 바깥에 존재하는 빛이라는 뜻에서 자외선이라고 부르고, 760나노미터보다 긴 파장의 빛을 붉은색 바깥에 있다는 의미에서 적외선이라고 부릅니다.

즉 빈의 열복사 법칙을 정리하면 아래와 같습니다.

• **가열된 물체의 온도가 높을수록 물체에서 나오는 빛의 파장은 짧다.**

압력에 관한 사건

병 속에 들어간 삶은 달걀

삶은 달걀보다 주둥이가 좁은 병 안에 달걀이 들어가는 게 가능할까요?

사건속으로

과학공화국 에그 시티 사람들은 달걀을 아주 좋아
했다. 그래서인지 에그 시티에는 달걀 전문 식당이
많았다. 그중에서도 특히 '노랑 거탑' 식당과 '에그
유희' 요리점이 달걀 요리 전문점으로 유명세를 떨쳤다.

먼저 노랑 거탑으로 말할 것 같으면 최고급 인테리어에 주방장
또한 프랑스에서 달걀 전문 요리 코스를 밟고 온 유학파 상순 양이
었다. 그뿐이 아니었다. 노랑 거탑의 백만불 사장은 손님들에게 최
상의 달걀로 요리한 음식을 내놓기 위해 새벽이면 부리나케 닭장
앞으로 가서 닭들 곁을 지켰다.

"아이고, 우리 귀여운 닭순이들 얼른 무럭무럭 자라서 신선한 알을 순풍순풍 낳아다오."

백만불 사장은 이렇게 닭장 옆을 지키고 앉았다가 닭들이 꼬끼오…… 꼬끼 삐익…… 하는 소리와 함께 달걀을 퉁 낳으면 잽싸게 달걀을 꺼내 들고 식당으로 뛰어갔다. 이렇듯 신선한 달걀로 최고급 주방장이 요리하는 만큼 노랑 거탑의 달걀 요리의 맛은 일품이었고 당연 사람들의 입맛을 잡아당겼다.

하지만 신선한 달걀로 요리하기로는 에그 유희도 저리 가라면 서러울 정도였다. 에그 유희는 달걀을 최대한으로 신선하게 유지하기 위해 식당 안에 닭장을 설치해 두었다.

"아아, 네…… 저는 에그 유희의 사장 노난자예요. 오호호! 저희 에그 유희로 말씀드리자면, 오호호! 달걀의 신선도 면에서는 어느 식당도 저희 식당을 따라 올 수가 없습니다. 누가 감히 저희 에그 유희의 신선한 달걀을 넘볼 수 있겠어요? 오호호! 저희 에그 유희는 식당 안에 닭장을 갖추어 놓고 닭들이 알을 낳는 즉시 바로 가져와서 요리를 만들고 있다고요, 아시겠어요? 뿐만 아니라 저희는 닭들의 컨디션을 최상으로 유지하기 위해 이호리의 '툭툭툭' 까지 틀어 놓는답니다. 닭들도 스트레스를 덜 받고 흥이 나야 알들을 순풍순풍 잘 낳고 알들이 더욱 신선해질 것 아닙니까? 오호호!"

그렇다면 노랑 거탑과 에그 유희의 사이는 어떠했을까? 물론 두 매장의 사장을 비롯한 직원들의 사이가 좋을 리 없었다. 두 식당 사람들은 서로 잡아먹지 못해 안달이었다.

그도 그럴 것이 에그 시티의 대부분의 사람들은 노랑 거탑과 에그 유희를 두고 어디를 갈까 늘 고민했기 때문이다. 노랑 거탑의 백만불 사장은 매장에 들어오는 손님들에게 늘 이렇게 인사하곤 했다.

"아이고, 저희 가게에 잘 오셨습니다. 저희 식당은 최고의 달걀 요리점 가운데서도 최고를 자랑하지요. 특히 저기…… 저 마녀 같은 노난자 사장이 운영하는 에그 유희와는 품격부터가 다릅니다. 노난자 사장의 웃음소리는 또 어떻고요? 생각만 해도 소름이 돋지 않습니까? 식사 도중에 혹시라도 그 여자 웃음소리를 듣게 된다고 상상해 보세요. 생각만으로도 음식 맛이 다 떨어지네요. 하하, 하하하!"

에그 유희의 노난자 사장도 노랑 거탑과 백만불 사장을 비난하기는 매한가지였다.

"아, 노랑 거탑이요? 오호호! 거기 사장 장난 아니에요. 닭이 알을 낳기 전에는 마냥 예쁘하고 귀여워하다가 닭이 알을 낳기만 하면 닭은 안중에도 없고 허겁지겁 달걀을 빼 오느라 정신없잖아요. 오호호! 그렇게 닭을 아낄 줄 모르는 작자가 정성이 담긴 일품 요리를 만들 수나 있겠어요? 오호 호호호!"

이렇듯 노랑 거탑과 에그 유희 사람들은 서로를 헐뜯기에 정신이 없었다.

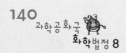

그러던 어느 날부턴가 노랑 거탑의 손님들이 줄기 시작했다.

"이상하네…… 요즘 왜 이렇게 손님들이 뜸하지? 아유…… 음식 맛도 그대로이고 청소도 늘 하던 대로 깨끗이 하는데…… 뭔가 이상해. 아니, 이거 혹시 다들 에그 유희로 가 버리는 거 아니야? 안 되지 안 돼. 이 마녀 같은 노난자! 또 무슨 일을 꾸미는 거야? 안 되겠어! 에그 유희로 몰래 가서 한번 봐야지. 근데 내가 염탐하는 걸 노난자에게 들키는 날엔 또 그 마녀가 난리 블루스를 출 텐데…… 좋아, 스카프랑 선글라스! 스카프를 머리에 뒤집어쓰고 선글라스로 얼굴을 가리면 설마 난 줄 모르겠지? 으하하!"

백만불 사장은 에그 유희의 손님처럼 가장하여 식당 안으로 들어섰다. 그러나 예상외로 에그 유희 역시 손님이 없어 썰렁하기는 마찬가지였다.

"네, 어서 오세요. 저희가 좋은 자리로 안내해 드릴게요."

"……."

"손님, 그럼 주문하시겠어요? 오호호!"

"아, 네…… 에그 유희에서 가장 맛있는 요리로 부탁합니다."

"네, 저희 에그 유희에서는 '달걀 퍼먹어' 요리가 가장 인기가 좋아요. 그걸로 하시겠어요? 오호호!"

"네? 아, 네…… 아무, 아무거나 괜찮습니다."

백만불 사장은 혹시 노난자 사장이 자신의 정체를 눈치 챌까 노심초사하며 온몸에 삐질삐질 땀을 흘리고 있었다.

"꺄악! 어머나 손님, 죄송합니다. 물을 따라 드리려고 한 건데…… 제 손이 갑자기 미끄러지는 바람에…… 정말 죄송합니다. 얼른 머리 닦으세요."

"아니 뭐 이런 집이 다 있어? 에잇!"

노난자가 백만불에게 물을 따라 주려는 순간 노난자의 손이 미끄러지면서 백만불 사장의 머리 위로 물이 흘렀고 순식간에 물세례를 받고 화가 머리끝까지 치솟은 백만불 사장은 자기도 모르게 머리에 뒤집어쓴 스카프를 벗어 젖은 머리카락을 닦기 시작했다.

"뭐야, 당신 혹시…… 노랑 거탑 백만불 사장 아니야?"

'아차차…… 갑자기 물세례를 받는 바람에 정신이 없었네. 이를 어째……'

"당신 도대체 우리 식당에 뭘 염탐하러 온 거야? 당신이 무슨 수작을 부렸는지 몰라도 당신 때문에 우리 식당의 손님이 눈에 띄게 줄어들었다고! 안 그래도 내가 조만간 매운맛을 좀 보여 주려고 했는데…… 이 백만불 사장, 오늘 이 노난자의 손톱 맛 좀 봐라!"

"악! 안 돼. 잠깐, 잠깐만……"

"뭐가 잠깐이야? 맛 좀 봐라!"

"스톱! 우리 가게에도 손님이 없어 하루 종일 파리만 날린다고……"

노난자 사장이 날카로운 손톱으로 백만불 사장의 얼굴을 할퀴려는 순간 예상치 못한 백만불 사장의 말에 노난자 사장은 손톱을 안으로 감췄다.

"그게 무슨 말이야? 노랑 거탑에 손님이 없다니? 그럼 대체 우리 달걀 요리 손님들은 다 어디로 간 거야?"

"그러니까 나도 이상해서 이렇게 비공개 차림으로 여기에 나타난 거 아니야! 난 또 마녀가 무슨 수작을 부렸나 했지."

"마녀? 누가 마녀라는 거야? 설마…… 나?"

백만불 사장은 노난자의 날카로운 손톱을 힐끗 보고는 움츠러들며 말했다.

"하하, 하하하! 마녀라니? 잘못 들었어. 미녀 말이야. 미녀!"

"그건 그렇고…… 백만불 사장, 내가 요즘 이상한 소문을 하나 들었어. 저기 사거리에 새로운 달걀 요리점이 생겼는데 그 식당 안에 뭔가 신기한 게 있다나 봐. 우리 한번 같이 가 보지 않을래? 이럴 때는 우리도 좀 뭉치자고! 오호호!"

"신기한 거라니, 뭐? 알았어. 지금 당장 가 보자고!"

백만불 사장과 노난자 사장은 갑자기 동맹이라도 맺은 듯 두 손을 꼭 잡고 즉시 사거리 달걀 요리점으로 달려갔다.

"아니 이 가게는 무슨 손님이 이렇게 많아? 기다리는 줄이 장난이 아니네. 아니 저기 저 손님, 우리 단골손님 아니야?"

"우리 손님도 있어. 도대체 이 안에 뭐가 있는 거야? 이봐, 노난자, 우리도 얼른 줄을 서자고."

그렇게 해서 노난자와 백만불은 한 시간 동안 줄을 선 끝에 식당 안으로 들어갈 수 있었다. 그런데 식당의 모든 테이블 위에는 삶은 달걀이 들어간 주둥이가 좁은 병이 하나씩 놓여 있었다.

"어머나! 어떻게 주둥이가 이렇게 작은 병 안에 삶은 달걀이 들어갈 수가 있지? 백만불, 이거 혹시 사기 아닐까?"

"손님, 안녕하세요? 주문하시겠어요?"

"저기 이봐요, 어떻게 주둥이가 이렇게 작은 병 안에 삶은 달걀이 들어갈 수 있는 거죠? 이거 사기 아니에요?"

"사기는 무슨 사기? 그 신기한 물건이 우리 식당의 일등 공신인 거 몰라요? 아이들이 그게 신기하다고 부모님을 졸라서 자꾸 우리 가게에 온다니까요."

"뭐? 이거 하나 때문에 손님들이 줄을 선다고? 어떻게 주둥이가 이렇게 작은 병 안에 삶은 달걀이 들어가? 오호호! 이런 사기꾼들, 너희들 당장 고발해 버리겠어!"

병 외부의 공기가 누르는 대기압은 그대로인데 병 안의 압력이
작아지면 압력 차에 의해 병 주둥이보다 크기가 작은 달걀이
병 안으로 들어갈 수 있는 힘이 생깁니다.

주둥이가 좁은 병 안에 어떻게 달걀이
들어갈 수 있었을까요?
화학법정에서 알아봅시다.

재판을 시작하겠습니다. 삶은 달걀을 주둥
이가 좁은 병 안에 넣어 음식점의 홍보 효
과를 높이는 가게가 있다고 합니다. 그런데
이렇게 주둥이가 좁은 병 안에 삶은 달걀이 어떻게 들어갈 수
있는지를 문의하는 소송이 들어왔군요. 원고 측의 변론을 들
어 보도록 할까요?

주둥이가 달걀 크기보다 작은 병 안에 달걀이 들어가는 것은
불가능합니다. 병 안에 달걀을 넣어 음식점에 전시한 피고 측
은 손님들의 눈을 속이고 있는 것입니다.

병 안에 달걀을 넣는 게 불가능하다면 피고 측의 가게에 있는
물건들은 어떻게 설명 가능할까요?

병이 가짜거나 진짜 달걀이 아닐 수 있습니다. 피고 측의 달걀
이 들어간 병을 조사해 볼 필요가 있습니다.

원고 측은 주둥이가 작은 병 안에 삶은 달걀을 넣을 수 없다고
주장하는데 피고 측은 이런 원고 측의 의견을 인정합니까?

병은 물론이고 달걀도 진짜가 분명합니다. 주둥이가 작은 병
안에 달걀을 넣는 것이 왜 불가능하다고 생각하는지 잘 모르

겠군요. 실제로 가능한 일인데 말입니다.

병목이 좁은 병에 어떻게 달걀이 들어갈 수 있나요? 저도 몹시 궁금하군요.

달걀 요리학을 연구하시는 넘맛나 연구원을 증인으로 모셔서 이것이 어떻게 가능한지 설명을 듣도록 하지요. 증인 요청을 받아 주십시오.

알겠습니다. 증인은 증인석에 앉아 주십시오.

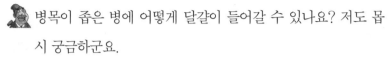

달걀을 세 판이나 머리에 인 50대 초반의 여성이 양 볼 안에 삶은 달걀을 넣고 볼을 실룩거리며 증인석에 앉았다.

피고 측 가게에 있는 삶은 달걀이 든 병은 진짜 병과 진짜 달걀이 확실합니까?

지금껏 제가 연구하면서 봐 왔던 병이나 달걀과 같다고 판단되므로 진짜가 확실합니다.

병목이 달걀 크기보다 작은 병 안에 정말 삶은 달걀을 넣을 수 있습니까?

병 안에 든 달걀은 삶은 달걀이 맞습니다. 병 안팎의 압력 차를 잘 이용하면 충분히 넣을 수 있습니다.

병 안에 삶은 달걀을 어떻게 넣은 것입니까?

먼저 병 안에 종이 조각을 여러 장 넣고 불을 붙입니다. 그리고 그 위에 삶은 달걀을 올려놓으면 삶은 달걀이 몸부림을 치면서 병 안으로 들어가는 것을 확인할 수 있습니다.

 달걀이 살아 있는 것도 아닌데 어떻게 이런 일이 가능하지요?

병 안에 종이 조각을 넣고 불을 붙이면 병 속의 공기가 뜨거워집니다. 뜨거워진 공기는 병 밖으로 나가려고 하지요. 뜨거운 공기가 밖으로 나가면 병 안의 공기는 식게 되는데 공기가 식는다는 것은 공기의 수축을 의미합니다. 병 안의 공기가 식어 수축되면 병 안의 압력은 낮아집니다. 이때 병 외부의 공기가 누르는 대기압은 그대로인데 병 안의 압력은 작아지면서 압력 차에 의해 달걀이 병 안으로 들어갈 수 있는 힘이 생기게 됩니다. 삶은 달걀은 어느 정도의 탄력이 있으므로 병 안으로 들어가면서 부서지거나 깨지지 않습니다. 이러한 원리를 안다면 달걀이 병목이 좁은 병 안에 들어간 일이 그리 신기하지만은 않겠지요.

달걀이 병 안으로 들어가는 원리는 생각보다 간단하네요. 다만 달걀을 병 안으로 밀어 넣는 대기압의 힘은 아주 큰 것 같습니다. 병은 물론이고 병 안에 들어 있는 달걀도 진짜가 확실하군요. 따라서 음식점의 홍보를 위해 피고 측이 가짜 달걀이 든 병 모형을 만들었다고 주장한 원고 측의 의견은 받아들일 수 없습니다.

원고 측의 억측은 확실히 빗나갔습니다. 병과 달걀은 진짜인

것으로 판단되며 삶은 달걀을 병목이 좁은 병 안에 넣는 일도 화학적 원리로 가능한 것으로 결론 났습니다. 음식점에 삶은 달걀이 든 병을 전시하여 눈요깃거리로 홍보한 것은 잘못되었다고 볼 수 없으며 오히려 손님들에게 즐거움을 선사한 좋은 홍보 선례로 남겠군요. 원고 측도 똑같이 음식점을 경영하는 CEO로서 팔짱 끼고 구경만 할 게 아니라 참신한 아이디어로 홍보하는 것이 좋겠습니다. 이상으로 재판을 마치겠습니다.

재판이 끝난 후, 노난자 사장과 백만불 사장은 사거리 음식점이 사기를 쳐 고객들을 현혹시켰다며 고소한 것에 대해 그곳 사장에게 정중하게 사과했다. 그날 이후, 두 사장은 손님들을 끌 만한 굿 아이디어를 떠올려야 한다며 열심히 머리를 굴려 고심 중이다.

 스케이트의 날은 왜 날카로울까?

스케이트 날이 날카로우면 얼음과 닿는 면적이 작아져 압력이 커지게 된다. 압력이 커지면 큰 압력으로 얼음을 누르는 순간적인 힘도 커져 얼음이 물로 변하면서 스케이트가 잘 미끄러지게 된다.

컵 받침대가 달라붙었잖아요!

와인 받침대를 깬 범인은 무식해일까요? 아니면 제3의 인물일까요?

"무식해, 나선녀! 둘이 너무 잘 어울린다. 축하해! 꼭 행복해야 해!"

"무식해, 나선녀를 평생 행복하게 해 줘야 한다!"

무식해와 나선녀는 오늘 많은 하객들 앞에서 사랑의 맹세를 했다. 핑크빛 기운이 그들을 감싸는 가운데 행복한 결혼식을 올린 것이다.

"여보, 서둘러요! 이러다가 프랑스행 비행기 놓치겠어요."

"뭐? 여보? 호호호! 나선녀, 여보라는 말 너무 좋은데? 얼른 가자고!"

"어? 근데 여보야, 우리의 웨딩 카는 어디에 있죠?"

"웨딩 카? 짜잔! 저기 있지. 우리 나선녀를 위해 특별히 준비했다고."

"뭐요? 저걸 타고 공항까지 간다고요?"

"응, 왜냐면 우리 자기는 나한테 너무 특별한 달링이잖아. 앙앙!"

그런 나선녀 앞에 있는 건 아무리 보아도 경운기였다.

"지금 경운기를 타고 공항까지 가자는 거예요?"

"응, 왜? 내가 얼마나 예쁘게 꾸며 놓았다고…… 저기 매달아 놓은 호박꽃 하며 앞쪽에는 잠자리채로 하트까지 장식했다니까? 나선녀, 너무 감동받지는 마. 이건 내가 달링에게 해 줄 수 있는 것 중에 아주 작은 것에 불과하다고."

무식해는 나선녀가 속상해 하는 것도 눈치 채지 못한 채 느끼한 목소리로 나선녀의 화를 돋았다.

'쳇, 너무 감동받지는 말라고? 대체 뭐에? 저 경운기에? 아유, 내가 미쳐!'

그렇게 둘은 경운기를 타고 국제 공항으로 향했다. 달달거리는 경운기 소리에 지나가던 사람들의 시선이 모두 경운기와 거기에 탄 이 커플에 집중되었고 도로를 내달리던 차들도 모두 멈춰 서 차창 밖으로 이들을 구경하느라 도로가 정체될 지경이었다.

'으악, 정말 창피해 죽겠네. 어떻게 웨딩 카가 경운기냐고요. 앞으로 어쩌면 좋지? 아유…… 아냐, 식해 씨는 나를 너무 많이 사랑

해서 이렇게 노력하는데…… 그래, 경운기면 어떻고 자전거면 어때? 사랑하는데!'

그들은 그렇게 경운기를 타고 예정에 없던 '전원 일기'를 찍으며 공항에 도착했다. 하지만 파리로 가는 비행기 안에서도 무식해는 드르렁드르렁 코를 골며 내내 잠만 잤고 나중에는 심지어 코딱지를 파 내어 공중으로 틱 하고 던지는 게 아닌가! 나선녀는 시간이 흐를수록 무식해에 대한 환상이 사라져 갔지만 애써 웃는 수밖에 별다른 방법이 없었다.

"식해 씨, 식해 씨! 어서 일어나요. 비행기가 착륙한다고요. 아, 드디어 프랑스네. 너무 좋아!"

"뭐? 벌써 프랑스야? 정말 달콤한 꿈이었는데…… 세상에, 꿈에서 내가 악어 뒷다리를 구워 먹었는데 정말 맛이 좋더라고. 아…… 아깝다, 아까워. 더 많이 먹을 수 있었는데……."

"뭐라고요? 자다가 악어 뒷다리 굽는 소리 하지 말고 어서 내리자고요."

그들은 더 이상 핑크빛 기운이 감도는 신혼부부가 아닌 듯 보였다.

"어머, 어머! 저기 저것 좀 봐요, 식해 씨! 너무 멋지지 않아요? 아, 내가 마치 공주님이 된 것 같아요. 식해 씨, 날 항상 공주처럼 행복하게 해 줄 거죠?"

"당연하지, 선녀! 저게 말로만 듣던 그 자금성이군. 오, 정말 멋지군. 놀라워!"

"뭐, 뭐라고요? 지금 뭐라고 했어요? 자금성이 어쩌고 어째요? 이 무식한……."

"뭐? 당신 방금 뭐라고 했어?"

"아, 아무 말도 안 했어요. 근데 저건 자금성이 아니라 베르사유 궁전이라고요!"

나선녀는 그동안 알지 못했던 무식해의 무식에 새삼 놀라고 말았다.

"식해 씨, 혹시…… 프랑스에 있는 유명한 탑 이름 알아요?"

"당연히 알지! 그…… 그…… 북산 타워잖아."

"뭐요? 북산 타워? 에펠 탑이잖아요! 그럼, 프랑스의 수도는 어디죠?"

"프랑스 수도? 히히! 그건 당연히 알지. 노마잖아."

"뭐요? 노마요? 정말 해도 해도 너무해요. 식해 씨, 파리잖아요. 아유…… 그냥 우리 점심이나 먹으러 가요!"

"그러지, 그럼. 파리는 뭐야 그 자장면이 유명하지? 우리 그럼 맛있는 자장면 먹으러 갈까?"

"뭐요? 자장면? 스파게티겠죠. 아유, 속 터져."

그렇게 그들은 토닥거리며 고급 레스토랑 안으로 들어섰다.

"우아, 여기 식당이 너무 예쁘네요. 호호호! 갑자기 기분이 좋아지네. 식해 씨, 아까 내가 너무 심통 맞게 굴었죠? 미안해요. 우리

일생에 단 한 번뿐인 신혼여행인데 맛있는 거 많이 먹고 즐겁게
지내다 가요."

"선녀 씨 심통 났었어? 난 그것도 몰랐네. 왜 심통 났었어요?"

'으이구, 정말 무식한 줄만 알았더니 눈치까지 없잖아. 아유, 앞
으로의 결혼 생활이 깜깜하다, 깜깜해.'

그때 종업원이 메뉴판을 들고 왔다.

"반갑습니다, 손님. 무엇을 드시겠습니까?"

"음…… 여기 달팽이 치즈 스파게티랑 와인 두 잔 부탁해요."

"네, 알겠습니다. 와인부터 가져다드리겠습니다."

무식해와 나선녀는 침을 꼴깍 삼키며 얼른 요리가 나오길 기다렸
다. 잠시 뒤 종업원이 와인을 먼저 가져다주었다.

"우아, 너무 예쁜 크리스털 잔이네. 컵 받침대도 너무 예뻐요. 식
해 씨, 우리 앞으로 아무리 힘든 일이 있어도 잘 견뎌 내고 행복하
게 살자는 의미에서 건배해요."

"좋지. 선녀 씨, 선녀 씨는 내 인생에 있어서 이 크리스털과
같아."

그렇게 둘은 화해 모드 속에서 분위기 좋게 잔을 들었다. 그 순
간! 쨍그랑 하는 소리와 함께 와인 잔의 받침대가 깨졌다. 무식해가
나선녀와 건배하려고 와인 잔을 들면서 컵 받침대가 따라 올라갔다
가 떨어지는 바람에 와인 잔 받침대가 깨진 것이었다.

"저, 손님…… 죄송하지만 깨진 와인 잔 받침대는 보상해 주셔야

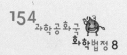

합니다."

"뭐요? 내가 와인 잔 받침대를 든 것도 아니고 와인 잔만 살짝 들었을 뿐인데, 왜 내가 보상을 해요? 왜?"

"식해 씨, 그렇게 소리 지르지 말고 그냥 물어 줘요. 우리 실수잖아요. 사람들이 다 쳐다보고 있어요."

"아니, 이건 내 실수가 아니야. 나는 와인 잔만 들었는걸. 이것 봐, 보상받고 싶으면 화학법정에 의뢰해 보고 다시 와서 말하라고!"

와인 잔 받침대가 와인 잔에 붙어 위로 올라갈 때,
받침대를 잡아당기는 중력이 받침대를 떠받치는
대기압의 힘보다 더 크게 작용해 바닥으로 떨어집니다.

여기는 **화학법정**

크리스털 와인 잔 받침대가 깨진 이유는
무엇일까요?
화학법정에서 알아봅시다.

 재판을 시작하겠습니다. 와인 잔 받침대는
왜 깨진 겁니까? 원고 측 변론해 주세요.

와인 잔은 받침대에 받쳐서 손님에게 서빙
됩니다. 이미 와인 잔 받침대가 손님 영역으로 들어갔고, 손님
이 와인을 마시던 중 실수로 받침대가 깨졌다면 그 책임은 손
님에게 있다고 할 수 있습니다. 그런데 피고는 깨진 와인 잔
받침대에 대한 배상을 할 수 없다고 합니다. 와인 잔 받침대를
손상시킨 피고에게 이에 대한 배상을 요구하는 바입니다.

 물건을 사용하는 도중에 손님이 물건을 깼다면 물건 값을 배
상하는 것이 관례인데 피고가 물건 값을 배상하지 못하겠다는
이유는 뭔가요?

 피고는 와인 잔 받침대를 깬 적이 없습니다. 단지 와인을 마시
기 위해 와인 잔을 들었던 것뿐입니다.

 그럼 대체 누가 와인 잔 받침대를 깼다는 거지요?

 와인 잔 받침대에 의도하지 않게 어떤 충격이 가해지면 이 같
은 일이 일어날 수 있습니다. 한 가지 예로 와인 잔을 받침대
위에 내려놓을 때 세게 힘을 가하면 충분히 발생할 수 있는 일

입니다. 하지만 이 경우는 일부러 와인 잔을 세게 내려놓아서 받침대가 깨진 게 아니라 와인 잔을 들었을 때 받침대가 와인 잔에 딸려 올라왔다가 떨어지면서 받침대가 깨진 것입니다. 따라서 피고가 의도적으로 와인 잔 받침대에 힘을 가한 것이 아니므로 피고의 잘못으로 볼 수 없습니다.

와인 잔 받침대를 누군가 떠받친 것도 아닐 텐데 받침대가 와인 잔을 따라 올라온 이유는 무엇인가요?

받침대를 떠받친 힘이 작용했다고 볼 수도 있습니다.

누가 받침대를 떠받쳤다는 건가요?

받침대를 떠받친 힘의 정체는 바로 대기압입니다.

무슨 말인지 도통 모르겠군요. 받침대가 와인 잔을 따라 올라오게 된 이유에 대해 자세한 설명 부탁드립니다.

크리스털 와인 잔을 받침대 위에 올려놓으면 와인 잔 바닥과 받침대 위 표면 사이에 얇은 층의 물이 생깁니다. 이 얇은 층의 물은 와인 잔 바닥과 받침대 위 표면 사이에 있는 공기를 모두 몰아내는 역할을 하지요. 그러면 그 사이에 공기가 없어지면서 와인 잔 바닥과 받침대를 떠미는 사이의 공간은 압력이 낮아지게 됩니다. 이렇게 되면 아래에서 위로 떠미는 대기압이 와인 잔 바닥과 받침대 사이 공간의 압력보다 커져 받침대가 와인 잔을 떠받치고 올라오게 되는 것입니다.

그러면 와인 잔 바닥에 붙어 있던 받침대가 아래로 떨어진 이

유는 뭡니까?

받침대가 위로 올라가면 밑에서는 받침대를 잡아당기는 중력이 작용하게 됩니다. 이때 받침대에 작용하는 중력의 힘이 받침대를 떠받치는 대기압의 힘보다 더 크게 작용하고, 와인 잔바닥과 받침대 사이에 있던 얇은 물층이 점점 사라지면 이 틈사이로 공기가 들어오면서 결국 받침대의 무게로 인해 바닥으로 떨어지게 되는 것입니다. 피고는 단지 와인을 마시기 위해와인 잔을 들었지만 와인 잔을 떠받치고 있던 받침대에 이러한 힘이 작용해 아래로 떨어졌던 것입니다. 따라서 받침대가깨진 것을 피고의 잘못이라고 볼 수는 없습니다. 오히려 와인잔 받침대가 깨져서 손님에게 상처를 입힐 위험이 있으니 받침대를 크리스털이 아닌 것으로 바꾸든지 아니면 손님에게 받침대를 사용할 때 주의할 것을 당부했어야 합니다.

정말이지 받침대가 와인 잔에 딸려 올라가다가 갑자기 떨어져깨지면 손님은 다칠 수도 있겠군요. 혹시 이번 사건과 같은 일이 또 일어날지 모르니 미리 대비해 손님들에게 안전 수칙을전하는 것이 좋겠습니다. 피고는 와인 잔 받침대를 고의로 깨뜨린 것이 아니므로 피고에게 그 책임을 물을 필요는 없다고판단됩니다. 이상으로 재판을 마치도록 하지요.

재판 후, 레스토랑 종업원은 무식해 씨에게 사과했고 나선녀 씨는 앞으로 뭐든 꼼꼼하게 앞뒤를 따져 헛돈을 쓰지 않겠다고 무식해 씨에게 다짐했다. 그리고 이런 무식해 씨의 검소한 모습에 반해 이제까지의 불만은 모두 잊기로 했다.

 진공의 힘

독일의 괴리케는 속이 빈 두 개의 반구 사이의 공기를 빼내어 진공 상태로 만들었다. 그는 1651년 각각의 반구에 말 여덟 마리를 연결하여 서로 반대 방향으로 반구를 잡아당기게 했는데 놀랍게도 두 개의 반구는 분리되지 않고 공의 모양을 그대로 유지했다.

물통이 너무 요란해요

물 퍼먹어 물통이 열리지 않는 이유가
물통 뚜껑의 구멍과 어떤 관계가 있을까요?

돈데크만 회사에서 이번에 주전자 모양의 새로운
물통을 개발하여 선풍적인 인기를 끌었다. 돈데크
만 물통의 모양은 마치 사람 얼굴의 형상과도 같았
는데 물통에 선글라스와 눈썹을 그려 놓고 삐죽 튀어나온 부분을
입으로 하여 보는 이들로 하여금 웃음을 자아냈다.

게다가 물통에 칩을 저장해 놓고 뜨거운 물이 들어오는 순간,
'날아라, 날아라 돈데크만!' 같은 소리가 나오도록 설계하여 특히
어린아이들에게 인기가 좋았다. 때문에 어린아이들은 엄마에게 돈
데크만 물통을 사자고 조르는 일이 많았다.

"엄마, 엄마. 옆집 똘민이도 돈데크만 물통 쓴대. 우리도 그거 사자. 나도 갖고 싶단 말이야!"

아이들이 하도 조르는 바람에 어머니들은 집에 물통이 있는데도 하는 수 없이 돈데크만 물통을 하나 더 사 와야 했다. 그렇게 해서 돈데크만 물통은 전국 곳곳에 없는 집이 없을 지경이었다. 상황이 이렇다 보니 정작 다급해진 곳은 물나들이 물통 회사였다.

"사장님, 어쩌면 좋죠? 저희 회사 물통의 시장 점유율이 계속해서 떨어지고 있습니다. 돈데크만 물통이 압도적으로 소비자들에게 지지를 받고 있다고요. 사장님, 어쩌죠?"

"물 퍼먹어!"

"네? 사장님, 뭐라고요?"

"물 퍼먹어!"

"사장님, 지금 그런 농담을 하실 때가 아니에요. 지금은 비상사태란 말이에요."

"물 퍼먹어. 하하하! 김 실장, 급할수록 돌아가라고, 상황이 안 좋을수록 이렇게 웃으면서 마음을 다스려야 더 큰일을 도모할 수 있는 거라네. 모든 것에는 약점이 있는 법! 우리는 그걸 이용하면 되는 거야. 우리가 누군가? 물나들이 물통 회사 아닌가! 김 실장, 어서 돈데크만 물통을 구해 오게. 돈데크만 물통을 이리저리 탐색하고 머리 좀 굴려 봐야지."

김 실장은 서둘러 돈데크만 물통을 사 들고 사장님에게로 갔다.

과학공화국
화학법정 8

"음…… 아이들이 좋아할 만한 디자인이군. 이게 아이들의 마음을 사로잡아 어머니들의 구매를 이끈다? 이거 우리가 크게 한 방 먹었는걸. 하하하!"

"사장님, 어쩌면 좋죠?"

"물 퍼먹어."

"사장님!"

"후후, 너무 조급하게 굴지 말게. 어떤 상품이든 완벽할 수는 없어. 자네가 그 해답을 내일까지 찾아오게나."

김 실장은 돈데크만 물통을 들고 털레털레 집으로 돌아왔다. 그리고는 식탁 위에 올려놓고 돈데크만 물통을 한참 동안 바라보고 있었다. 그때 김 실장의 아들이 집에 돌아왔다.

"어? 아빠! 우아, 돈데크만 물통이네. 안 그래도 반 친구들이 요즘 매일 돈데크만 물통 얘기만 하기에 뭔가 싶었는데…… 아빠, 이 물통이 말도 한대요. 드디어 우리 집에도 생겼네. 내일 학교 가서 애들한테 자랑해야지! 히히!"

"뭐라고? 에잇, 이 녀석! 이 물통이 그렇게 좋아?"

김 실장은 속상한 마음에 아들의 머리에 괜한 꿀밤 세례를 퍼부었다.

"으앙~ 아파요! 근데 아빠 왜 그래요?"

"그래도 이 녀석이! 얼른 방에 들어가서 숙제나 해!"

김 실장의 아들은 그렇게 방으로 뛰어 들어갔고 김 실장은 한숨을 내쉬며 돈데크만 물통만 하염없이 바라봤다.

"돈데크만아, 너는 왜 말을 하니? 왜 말을 해서 나를 이렇게 괴롭히는 거야?"

혼자 중얼대며 돈데크만 물통만 계속 바라보던 김 실장이 갑자기 물통을 들고 회사로 뛰어갔다.

"사장님, 사장님. 돈데크만 물통을 물리칠 수 있는 방법을 생각해 냈어요!"

"그게 뭔데?"

"보세요, 돈데크만 물통의 뚜껑에는 구멍이 있잖아요? 이게 바로 돈데크만의 세련된 디자인을 죽이고 있다고요. 우리는 물통 뚜껑의 구멍을 없애고 돈데크만보다 더 감각적인 디자인으로 승부를 거는 거예요!"

"흠…… 좋아! 그럼 자네가 한번 맡아서 해 보게. 난 계속 물이나 퍼먹어야겠네."

그길로 김 실장은 디자인실로 달려가 새로운 디자인의 물통을 모색하기 시작했다.

"음, 이게 좋겠군. 아니 저게 좋은가? 가장 중요한 건 물통 뚜껑에 구멍이 없어야 한다는 거야. 왜냐하면 이 구멍 하나 때문에 디자인 전체가 죽잖아? 흠……."

이렇게 며칠을 고심한 김 실장은 드디어 새로운 디자인의 물통을 들고 사장실로 향했다.

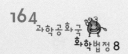

"사장님, 제가 드디어 획기적인 디자인의 물통을 만들어 냈습니다. 우리 회사의 야심작! 이 물통의 이름은 '물 퍼먹어 물통' 입니다. 특징은 기존의 돈데크만 물통과는 달리 뚜껑에 구멍을 없앴다는 데 큰 비중을 두고 있습니다."

"오, 그래? 무엇보다 이름이 마음에 드는군. 어서 시중에 출시하게나!"

그렇게 해서 물 퍼먹어 물통이 시장에 선보이게 됐다. 많은 소비자들이 뚜껑에 구멍이 없다는 점을 신기해하며 구매하기 시작했다.

"사장님, 성공입니다! 소비자들이 움직이기 시작했다고요. 이젠 '물 퍼먹어' 유행어까지 생길 정도라니까요. 히히!"

"흐흐! 그래? 자네도 물 퍼먹어. 후후!"

"원, 사장님도. 너무 재미있으셔. 히히!"

사장과 김 실장이 얼굴에 미소를 머금고 한창 행복한 대화를 나누고 있을 때 마침 한 통의 전화가 걸려왔다.

때르르릉!

"여보세요? 여기는 물나들이 물통 회사입니다. 어디신가요?"

"어디고, 저기고 이것 봐요, 내가 이번에 나온 물 퍼먹어 물통을 샀는데, 세상에! 물을 끓일 때마다 뚜껑이 딸그락 거리면서 소리가 요란해서 다른 일을 할 수가 없잖아요? 이거 불량품 아니에요?"

"무슨 말씀이세요? 저희는 불량품을 팔지 않습니다. 그럴 리가 없어요. 앗, 잠시만요. 다른 전화가 걸려오네요. 네, 여기는 물나들이 물통 회사입니다."

"이봐요! 물통에서 왜 시끄러운 소리가 나는 거죠? 이거 뭔가 잘못된 거 아니에요?"

"아…… 그럴 리가…… 없습니다. 저희 회사는……"

"그럴 리가 없다니요? 우리 집뿐만이 아니라 제 주위에 물 퍼먹어 물통을 쓰는 주부들이 전부 난리가 났는데…… 알기는 알아요? 내가 화학법정에 당신들을 고소할 테니 그렇게 알아요!"

물통 뚜껑에 작은 구멍을 만들면
공기가 드나들면서 물통 안팎의 기압 차가 없어지므로
뚜껑이 쉽게 열립니다.

여기는 **화학법정**

물통이 요란한 소리를 내는 이유는 뭘까요?
화학법정에서 알아봅시다.

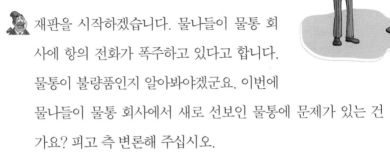

재판을 시작하겠습니다. 물나들이 물통 회사에 항의 전화가 폭주하고 있다고 합니다. 물통이 불량품인지 알아봐야겠군요. 이번에 물나들이 물통 회사에서 새로 선보인 물통에 문제가 있는 건가요? 피고 측 변론해 주십시오.

물나들이 물통 회사에서 새로 선보인 물통은 최고의 기술력과 감각적인 디자인으로 기획된 완벽한 제품입니다. 분명 물통에는 아무런 문제도 없습니다.

어떤 기술력과 디자인으로 제작되었기에 그렇게 자신하는 건가요? 하지만 같은 회사에서 출시된 기존의 물통에는 별다른 문제가 없지 않았습니까? 이번 신상품의 기술력과 디자인에 어떤 문제가 있는 게 아닐까요? 피고 측의 물통은 다른 회사의 물통과 어떤 차별성이 있습니까?

저희 피고 측에서 출시한 신상품의 기술력에 대해 모두 공개하기는 곤란합니다. 한 가지 말씀드릴 수 있는 것은 기존의 물통과는 디자인에서 약간의 차이를 보인다는 것입니다. 타사 제품에는 너 나 할 것 없이 뚜껑에 구멍이 있어 물통 전체의

디자인을 망치고 있습니다. 이러한 점을 놓치지 않은 피고 측에서는 물통 뚜껑의 구멍을 없애 버렸지요. 어때요? 멋지지 않습니까?

혹시 물통의 뚜껑에 구멍이 있는 것과 없는 것에서 어떤 차이가 생기는 게 아닐까요?

구멍은 디자인을 망칠 뿐입니다.

구멍에도 어떤 기능이 있는 게 아닐까요?

판사님 말씀이 옳습니다. 피고 측은 물통 뚜껑 구멍의 기능조차 알지 못하고 있습니다.

구멍에 무슨 기능이 있다고 그래요? 구멍으로 인해 물통의 디자인이 전부 죽기밖에 더 해요?

디자인이 죽는다고 구멍을 없애니까 피고 측의 물통처럼 불량품이 나오는 거라고요.

피고 측의 물통 뚜껑에 구멍이 없는 게 물통이 불량품인 것과 어떤 관련이 있나요?

관련이 있습니다. 물통에서 요란한 소리가 나는 것은 뚜껑에 있는 구멍을 없앴기 때문입니다.

물통의 뚜껑에 있는 구멍이 어떤 역할을 하기에 구멍이 불량품의 원인이 되었는지 설명해 주십시오.

물통 뚜껑에 있는 구멍의 기능에 대해 말씀해 주실 증인이 자리하고 계십니다. 음료 나라 학회의 차조아 회장님을 증인으로 신청합니다.

좋아하는 여러 가지 종류의 차를 허리에 주렁주렁 매달고 한 손에는 커다란 물통과 찻잔을 든 50대 초반의 남성이 입 안에 한 모금의 차를 머금고 증인석으로 나왔다.

증인은 차를 무척이나 좋아하는 분이라고 들었습니다. 차를 많이 끓여 보신 만큼 물통에 물을 끓이는 일은 눈감고도 할 수 있겠네요.

하루에도 수십 번씩 차를 마시니까 물 끓이는 데는 완전 도가 텄다고 할 수 있지요. 하하하!

증인께서 사용하는 물통 뚜껑에 구멍이 없는 것도 있습니까?

아니오. 그 무슨 안 될 말씀을…… 무수히 많은 물통으로 물을 끓여 봤지만 뚜껑에 구멍이 없는 물통은 살아생전 본 적이 없습니다. 뚜껑에 구멍이 없는 물통은 불량이라고 보시면 됩니다.

물통의 뚜껑에는 구멍이 꼭 필요합니까?

물론입니다. 물통의 뚜껑에 있는 구멍은 아주 중요한 역할을 합니다. 물통을 가스레인지 위에 올려놓고 물을 끓이면 물통 뚜껑에 뚫린 작은 구멍으로 김이 오릅니다. 그 김은 바로 물통 속의 물이 끓으면서 변한 수증기가 구멍을 통해 밖으로 나와

응결되어 물방울로 변한 것이지요. 그런데 뚜껑에 구멍이 없으면 물통 속의 수증기가 빠져 나올 수 없어 그 수증기의 압력으로 뚜껑을 위로 밀어 올리게 되고 다시 뚜껑이 중력 때문에 내려오면서 물통을 때려 소리가 발생하는 것이지요. 그런데 물통 뚜껑에 작은 구멍을 만들면 수증기가 밖으로 빠져 나올 수 있으므로 물통 속의 수증기의 압력이 줄어들어 뚜껑을 잘 들어 올리지 않아 소리가 안 나게 되는 거지요.

 물통에 있는 뚜껑의 구멍은 제 기능이 있는 필요 항목이었습니다. 뚜껑의 구멍이 디자인을 망친다는 이유로 없애면 불량 물통이 나올 수밖에 없습니다. 물나들이 물통 회사에서는 소비자들의 불만이 더 거세지기 전에 제품을 모두 수거하여 판매를 중단해야 합니다.

 물통이 물통으로서의 역할을 다하지 못한다면 소비자들은 피고 측 회사에 대한 불만이 커지고 회사의 이미지는 심각하게 나빠질 것입니다. 피고 측은 소비자들이 구매한 물통의 요금을 환불해 주고, 현재 판매 중인 물통을 모두 수거하도록 하세

 태풍과 진공 상태

평상시에는 지붕 아래의 공기와 지붕 바깥의 공기가 서로 반대 방향으로 지붕에 압력을 준다. 하지만 강한 태풍이 불어와 지붕 밖의 공기를 순식간에 날려 버리면 지붕 밖은 순간적으로 진공 상태가 된다. 그러면 지붕 밖에서 누르는 힘이 지붕 아래의 공기가 지붕을 위로 올리는 힘에 비해 작아지기 때문에 지붕이 위로 올라가 날아가 버리는 상황이 발생하는 것이다.

요. 그리고 앞으로는 더욱더 소비자의 입장에서 연구하여 실용적인 물통을 고객들에게 선보이도록 하세요. 이상으로 재판을 마치겠습니다.

재판이 끝난 후, 자신의 잘못을 절감한 김 실장은 낙담했다. 김 실장은 모든 물통의 판매를 중지시키고 구매한 소비자들에게 환불해 준 뒤 모든 책임을 지기로 결심하고 사장실로 가서 사직서를 제출했다. 그러나 사장이 자신을 용서해 주자, 김 실장은 더 훌륭한 물통을 개발하기 위해 밤낮없이 노력하고 있다.

분무기 폭발 사건

폭발한 분무기는 불량품일까요?
아니면 사모님의 부주의로 인한 사고였을까요?

"랄라라~ 랄라라~ 박 기사, 나 오늘도 예뻐?"

"그럼요, 당연히 우리 사모님이 세상에서 제일 예
쁘지요. 정말 아름다우십니다. 매일 보는데도 얼굴

에서 빛이 난다니까요."

"정말? 호호호! 박 기사, 운전해."

박 기사의 칭찬에 사모님의 기분은 오늘도 좋았다.

'박 기사는 정말 사람 기분을 좋게 하는 매력이 있는걸? 호호호!'

"사모님, 오늘은 어디로 모실까요?"

"박 기사, 오늘은 청담동으로 가 줘. 오늘 거기서 초등학교 동창회가 있어."

"동창회요? 우아, 사모님 동창회 가시면 너무 아름다우셔서 인기 짱이겠는데요."

"호호호! 뭐 그 정도까지는 아니고."

사모님은 동창회가 열리기로 한 카페로 들어섰다. 벌써 많은 동창생들이 카페 안을 메우고 있었다. 그때 사모님이 초등학교 때 짝사랑했던 남자 동창생이 눈에 띄었다.

"어머! 너 동자 아니니? 오동자!"

"응, 맞아! 안사모 너 정말 오랜만이다. 너무 많이 예뻐져서 못 알아보겠는걸. 후후!"

변함없이 멋진 오동자의 모습에 사모님의 가슴은 또다시 콩닥콩닥 뛰기 시작했다. 넓적한 얼굴에 짙은 눈썹, 뚱뚱한 몸매에 난쟁이 똥자루만한 키. 사모님의 완벽한 이상형이었다.

"동자야, 너 혹시 초등학교 시절에 내가 널 좋아했던 것 아니?"

"하하하! 우리 예쁜 사모가 날 좋아했었어? 이거 영광인걸? 진작 알았더라면…… 후훗, 왠지 안타까운걸. 사모 넌 초등학교 때 인기 많았잖아. 부잣집 딸에 선생님들도 많이 귀여워했고 얼굴도 너무 예뻤고……."

"호호호! 애는…… 새삼스럽게 뭘 그러니?"

오동자와 사모님은 한창 회상에 젖어 분위기가 점점 무르익었다. 사모님은 이번이야말로 오동자를 사로잡을 수 있는 절호의 기회라고 생각했다.

"그런데 오동자 너, 혹시 결혼은 했니?"

"결혼? 왜? 그러는 사모 넌 결혼했니? 하긴 너무 예뻐서 남자들이 가만 놔두지 않았겠는걸? 후후!"

"얘도 참, 호호호! 난 아직 결혼 안 했어. 넌?"

"나? 난 벌써 결혼했지. 애가 두 살이야."

"뭐…… 뭐라고?"

사모님의 얼굴이 순간 일그러졌다.

'이럴 수가! 초등학교 때 내가 그렇게 좋아했던 오동자를 이제야 다시 만났는데…… 아…… 완벽한 나의 이상형이었는데…… 속상해 죽겠네.'

사모님은 오동자가 결혼했다는 얘기를 들은 이후로 아무 말 없이 가만히 앉아 있다가 조용히 동창회 자리를 빠져나왔다. 그리고는 박 기사를 호출해 자신을 데리러 오게 했다. 사모님의 기분이 썩 좋지 않다는 것을 눈치 챈 박 기사는 조심스럽게 운전하여 사모님 댁에 도착했다.

"사모님, 기분이 안 좋아 보이십니다."

"그래. 박 기사, 사실은 내가 기분이 좀 안 좋아. 박 기사는 그만 가 봐요."

"사모님, 당신의 슬픈 얼굴은 너무나 매력적이지만 제 마음을 너무 아프게 하는군요. 사모님, 사실 전…… 당신을 사랑합니다."

"뭐? 방금 박 기사, 뭐라고?"

"당신을 사랑한다고요."

박 기사는 그렇게 사모님에게 고백한 뒤 사모님의 볼에 쪽 뽀뽀를 했다.

"박 기사, 당신……"

부끄러움으로 얼굴이 빨개진 사모님은 더 이상 말을 잇지 못하고 고개를 숙였다.

"사모님, 이건 당신을 위한 선물입니다. 집에 가서서 열어 보세요. 그리고 제 프러포즈를 받아 주세요."

사모님은 빨개진 얼굴로 포장된 선물 꾸러미를 들고 집으로 들어왔다.

"세상에! 박 기사가 날 그렇게 생각하고 있을 줄이야. 호호호! 근데 왜 이렇게 가슴이 두근거리지?"

사모님은 선물을 집어 들고 주방으로 가서 시원한 냉수를 한 잔 들이켰다.

"그런데 선물은 뭘까? 너무 궁금한걸."

사모님은 설레는 마음으로 포장을 뜯었다. 선물은 뜻밖에도 분무기였다. 분무기 옆에는 한 통의 카드가 놓여 있었다.

　　당신의 마음에 촉촉한 물을 뿌리는 단비가 되고 싶습니다
　　_박 기사

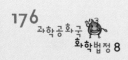

"어머머, 박 기사 너무 느끼한 거 아니야?"

말은 그렇게 했지만 사모님은 기분이 좋은지 연신 방긋방긋 웃기만 했다.

"이상하게 떨리네. 호호호! 근데 왜 이렇게 배가 고프지? 참, 아까 동창회에서 오동자 때문에 너무 기분이 상해서 아무것도 못 먹었지. 라면이라도 끓여 먹을까?"

사모님은 요리 준비를 시작했고 주방 안은 열기로 조금씩 뜨거워지고 있었다. 그때 갑자기 열을 받은 분무기가 펑 소리를 내며 폭발해 버렸다.

"어머머, 분무기가 불량이잖아. 박 기사의 정성이 한순간에 이렇게 무너지다니!"

사모님은 너무나 속상했다.

"다신 이런 불량 분무기를 만들지 못하도록 이 분무기 회사를 당장 화학법정에 고소하겠어!"

분무기 안의 압력은 일반적으로 대기압에 비해
두 배에서 여덟 배 정도 높기 때문에 분무기가 가열되면
폭발과 같은 위험한 상황이 벌어질 수도 있습니다.

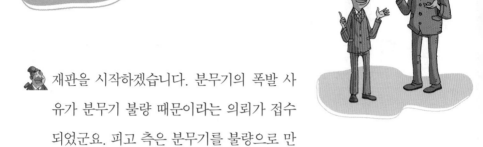

분무기가 폭발한 이유는 무엇일까요?
화학법정에서 알아봅시다.

재판을 시작하겠습니다. 분무기의 폭발 사유가 분무기 불량 때문이라는 의뢰가 접수되었군요. 피고 측은 분무기를 불량으로 만든 것을 인정합니까?

분무기는 불량품이 아닙니다.

그럼 분무기가 폭발한 이유는 무엇입니까?

분무기를 잘못 사용하면 폭발할 위험이 있습니다.

피고 측 변론이 너무 황당하군요. 분무기라는 제품이 원래 폭발 위험성을 지니고 있다는 건가요? 그렇다면 사람들은 폭발 위험성이 있는 물건을 집 안에서 사용하고 있다는 겁니까? 집 안에 폭탄물을 보유하고 있는 것과 다름없군요.

원고 측은 분무기가 불량이라는 건가요?

그렇습니다. 분무기는 가정에서 옷을 다릴 때나 꽃이나 나무에 물을 줄 때 사용하는 물건입니다. 피고 측 변론에 따르면 분무기가 굉장히 위험하다는 건데 위험한 물건을 일상생활에서 아무렇지도 않게 사용하고 있다니 정말 아찔합니다.

분무기가 위험한 물건이라는 것을 안 이상 지금처럼 사용하기는 힘들겠군요. 그런데 피고 측에서 분무기가 폭발할 수 있다고 주장하는 이유는 무엇입니까? 분무기가 폭발할 수도 있다는 사실을 증명할 수 있습니까?

분무기의 폭발력을 확인한 사례가 있습니다. 분무기의 특징과 분무기 사고와 관련한 사례를 말씀해 주실 분을 모셨습니다. 분무기 제조 회사의 다뿌려 이사님을 증인으로 요청합니다.

증인 요청을 승인합니다.

입안 가득히 물을 머금은 40대 후반의 남성이 양손에 물이 가득 담긴 분무기를 들고 증인석에 앉았다.

분무기는 어떤 용도로 쓰이는 물건입니까?

분무기는 액체 상태의 약물이나 물이 안개 모양으로 살포되도록 제작된 기구입니다. 가정에서는 꽃에 물을 주거나 옷을 다릴 때 물을 뿌리는 용도로 사용하기도 합니다.

분무기는 실제로 위험한 물건입니까?

사용하기에 따라 위험할 수도 있지만 안전 수칙만 잘 지킨다면 안전하게 사용할 수 있습니다. 분무기에 따라 차이는 있겠지만 분무기 안의 압력이 일반적으로 대기압에 비해 두 배에서 여덟 배 정도 높기 때문에 가끔 위험한 상황이 발생합니다.

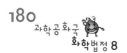

대기압의 두 배 이상의 압력은 어떤 영향을 끼칩니까?

 대기압의 두 배에서 여덟 배 정도의 압력은 6.3cm²의 면적에 11~45kg의 무게가 작용하는 것과 같습니다. 때문에 만일 분무기에 구멍이 나거나 분무기가 가열되면 위험한 상황이 벌어질 수도 있습니다. 특히 분무기 안에 가연성 액체가 들어 있기라도 하면 치명적인 폭발이 일어날 수도 있지요.

 분무기는 너무 위험한 물건이군요.

 이렇듯 위험한 상황이 발생하지 않도록 하기 위해 몇 가지 조치를 취해 놓았습니다. 먼저 분무기 아래쪽을 보면 오목하게 들어가 있는 것을 볼 수 있는데요, 이것은 급격한 팽창을 막기 위해 일부러 이렇게 제작한 것입니다. 또한 분무기를 출시하기 전에 공장에서 항상 고온의 열 처리를 함으로써 큰 압력에 견딜 수 있는 내구성을 강하게 합니다.

 그렇다면 이러한 사전 안전 조치로 분무기로 인한 사고는 발생하지 않습니까?

 분무기를 시판할 때는 열에 주의하도록 경고문을 부착하고는 있지만 불행히도 이런 주의 사항이 항상 지켜지는 것은 아닙니다. 2002년에 한 노부인의 실수로 가스레인지의 표시등에 분무기를 접촉했다가 분무기가 폭발하면서 창문을 깨뜨리는 무서운 사고가 발생했습니다.

 무시무시한 사고였군요. 분무기로 인한 위험으로부터 안전

을 지키기 위해 미리 주의해야 할 사항에는 또 어떤 것들이
있습니까?

무더운 여름 뜨거운 햇볕 아래 주차해 놓은 차 안에 분무기를
방치해 두어도 분무기가 폭발할 수 있으니 될 수 있으면 차 안
에 분무기를 두지 않는 것이 좋습니다.

열이 많은 곳이나 폭발 위험성이 있는 곳에는 되도록 분무기
를 두지 말아야겠군요. 분무기는 안전 수칙을 지켜 사용하면
유용한 도구이지만 잘못 사용하면 폭발할 위험이 있습니다.
이번 분무기 폭발 사건은 안전 수칙을 제대로 지키지 않은 고
객의 잘못으로 보아야 합니다. 따라서 분무기가 불량이라는
것은 인정할 수 없습니다.

분무기의 특성상 압력이 대기압에 비해 많이 높아서 위험성이
크군요. 이번 사건은 분무기의 불량이라기보다는 고객의 부주
의로 인해 폭발한 것이라고 판단됩니다. 따라서 분무기를 사
용할 때는 화력을 가까이 하거나 열이 많은 곳은 되도록 피하
십시오. 이상으로 재판을 마치겠습니다.

 달의 대기압

달에 수은 기압계를 설치하면 수은 기둥은 얼마나 올라갈까? 달에서는 수은 기둥이 조금도 올라가
지 않는데 그 이유는 달에는 공기가 없어 대기압도 존재하지 않기 때문이다.

　자신의 부주의로 인해 박 기사의 선물이 망가졌다는 죄책감에
젖은 사모님은 많이 괴로워했다. 그러자 박 기사는 그런 건 조금도
중요하지 않다며 예쁜 반지를 사모님에게 선물했다. 사모님은 너
무 기뻐 박 기사의 마음을 받아들였고 둘은 행복한 웨딩마치를 올
렸다.

고래의 최후

포유류인 고래가 물 밖에서 살 수 없는 이유는 뭘까요?

어느 한적하고 조용한 시골 마을에 급놀이라는 어린이가 살고 있었다. 급놀 군은 노는 것을 너무너무 좋아해서 한시도 움직이지 않고 놀지 않으면 몸에서 두드러기가 나고 입안에서 가시가 돋아날 정도로 희귀한 성격의 소유자였다.

하루는 급놀 군이 낮잠을 자다가 갑자기 일어나 엄마를 찾았다. 잠에서 깬 급놀 군이 엄마에게 시냇가로 고기를 잡으러 가자고 하도 조르는 바람에 엄마는 아궁이에 불을 올려놓은 것도 깜빡 잊은 채 급놀 군과 시냇가로 고기를 잡으러 갔다.

"랄라라~ 시냇가로 고기 잡으러 간다."

급놀 군의 친구 가운데는 따라라는 아이가 있었다. 따라 군은 친구가 가는 곳이라면 어디든 가야 하고 만일 따라가지 못하는 날엔 온몸에 땀이 비처럼 쏟아지는 참으로 희귀한 체질의 소유자였다. 급놀 군이 놀러간다는 말에 따라 군은 급놀 군을 따라가고 싶은 마음이 밀려와 하던 숙제를 뒤로 한 채 함께 시냇가로 고기를 잡으러 갔다.

"야, 나 숙제 좀 하자. 네가 자꾸 놀러 다니니깐 나도 따라 놀게 되잖아."

"참, 나. 누가 너더러 날 따라오래? 그럼 너 때문에 나까지 못 놀아야겠냐? 하하!"

그렇게 졸래졸래 엄마를 따라 급놀 군과 따라 군은 어느새 냇가에 도착했다.

"우아! 고기가 엄청나게 많네. 따라야, 빨리 이리 와서 고기 잡자."

급놀 군과 따라 군은 차가운 시냇가에 첨벙첨벙 뛰어들어 형형색색의 물고기들을 하나 둘 잡기 시작했다. 하지만 물고기가 너무 미끄러운 탓에 따라 군의 손에서 물고기가 미꾸라지처럼 쏙쏙 빠져나갔다. 그런데 어느새 급놀 군의 그물망에는 물고기들이 가득 차 있는 게 아닌가!

"급놀아, 난 도저히 안 되겠어. 물고기가 계속 손에서 빠져나가. 근데 넌 이 많은 물고기들을 어떻게 잡았어?"

"하하! 나는 나름의 전략을 썼지. 손을 물에 1초에 4269번 넣었다 뺐다 넣었다 뺐다 하면 돼. 이렇게 하면 물고기들의 정신이 혼미해지고 잠시 후엔 기절해서 둥둥 떠오르거든. 그때 퍼 담는 거지. 하하!"

급놀 군은 마치 마술처럼 물고기들을 둥둥 건져 올렸고, 급놀 군의 엄마와 따라 군은 그것을 주워 담느라고 정신이 없었다. 급놀 군의 손은 너무 빨라서 도저히 맨눈으로는 급놀 군의 손을 알아보기가 힘들 정도였다.

"으악!"

갑자기 급놀 군의 엄마가 꽥 소리를 내질렀다.

"왜 그러세요? 엄마?"

"이런! 아궁이에 불을 피워 놓고 그냥 와 버렸어!"

급놀 군의 엄마는 황급히 냇가에서 낚시 도구를 챙겨 집으로 뛰어갔지만 들판 너머 집 방향에서 이미 희미한 실연기가 모락모락 피어오르고 있었다. 급놀 군도 부랴부랴 엄마를 뒤쫓아 집으로 뛰어갔다.

"엄마, 부엌이 왜 이렇게 시커멓게 됐어?"

"네가 하도 졸라서 아궁이에 불 피운 걸 그만 잊어버리고 시냇가에 가 버렸잖아! 엄마는 부엌 좀 청소할 테니 넌 방에서 얌전히 텔레비전이나 보고 있어."

마침 텔레비전에서는 〈동물의 왕국〉이 방송되고 있었다. 〈동물의 왕국〉의 오늘의 주제는 '신비한 바다 생물'이었다. 급놀 군은 금세 텔레비전에 정신이 팔려 정신없이 텔레비전을 보기 시작했다.

"이야, 저런 건 대체 어디서 잡지? 내가 오늘 잡은 물고기랑은 비교가 안 되는걸? 진짜 크다! 구경이라도 한번 해 봤으면 좋겠다. 우아! 엄마보다도 훨씬 크고…… 저건 우리 집보다도 더 크겠다."

급놀 군은 〈동물의 왕국〉에 출연한 고래가 너무나 보고 싶은 마음에 또다시 엄마를 조르기 시작했다.

"엄마, 텔레비전에 나오는 신기한 물고기들을 직접 보고 싶어. 왜 우리 동네 냇가에는 피라미밖에 없어? 엄마, 나도 저거 보고 싶어. 보고 싶어! 보고 싶어! 보고 싶단 말이야!"

이번 역시 급놀 군의 고집을 꺾지 못한 엄마는 다음 날 동물원에 가기로 급놀 군과 약속을 해야 했다.

다음 날, 급놀 군의 마음은 아침부터 들떠 있었다.

"오늘은 신기한 바다 동물 보러 가는 날! 랄라라~."

어느덧 급놀 군의 가족은 동물원에 도착해 있었다. 그런데 어느 틈엔가 급놀 군의 가족 옆에 따라 군이 함께 서 있는 게 아닌가!

"야! 너 동물원까지 따라온 거야? 네가 내 스토커냐? 정말 대단하다, 대단해. 아유……."

"난 급놀이 네가 놀러 가는 곳은 어디든지 따라간다. 히히!"

그렇게 동물원 안으로 들어선 그들은 그곳에서 그동안 한 번도 보지 못했던 신기한 동물들을 많이 구경할 수 있었다.

"우아, 엄마 최고! 진짜 신기한 동물들이 많네. 그런데 다들 철창에 가둬 둬서 직접 만져 보지 못하는 게 조금 안타깝다."

급놀 군의 가족은 동물원을 한 바퀴 구경한 뒤 마지막으로 고래 쇼가 펼쳐지는 장소로 이동했다. 그곳에서는 조련사들이 관람객들을 위해 고래에게 갖가지 희귀한 훈련을 시키고 있었다.

"이 고래는 포유류입니다. 그래서 물 밖에서도 살 수 있지요."

"우아!"

관람객들의 함성이 이어졌다. 조련사는 고래를 잠시 물 밖으로 나오게 하더니 묘기를 부리도록 명령했다. 그런데 고래가 물 밖으로 나오고 얼마 뒤 몸을 파닥거리더니 부르르 떨며 픽 쓰러지는 게 아닌가! 급놀 군의 가족을 비롯한 관람객들이 이 광경에 놀라 입을 다물지 못했다. 조련사도 당황한 나머지 사태를 수습하려고 애쓰는 모습이 역력했다.

"여러분, 고래가 잠시 피곤해서 자는 거예요. 조금만 기다리면 분명 다시 깨어날 거예요."

하지만 고래는 영영 깨어나지 않았고 급놀 군과 따라 군은 너무 놀라서 그 자리에 붙박인 듯 한 발자국도 뗄 수 없었다. 이 모든 상황을 지켜보던 급놀 군의 엄마가 갑자기 소리쳤다.

"조련사, 당신의 실수로 고래를 죽였어. 그뿐인 줄 알아? 여기 있는 아이들이 놀라서 새하얗게 질린 얼굴을 좀 보라고. 아이들의 동심에 이런 상처를 내다니. 당신과 이 동물원을 내가 고소하겠어!"

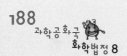

물속에서는 고래의 몸을 어느 정도 떠받쳐 줄
부력이라는 힘이 작용하기 때문에 고래가 중력에 의해
아래로 당겨지는 자신의 무게를 버틸 수 있습니다.

물 밖으로 나온 고래가 죽은 이유는 무엇일까요?

화학법정에서 알아봅시다.

재판을 시작하겠습니다. 어린아이들이 보는 앞에서 고래가 죽은 이번 사건은 아이들에게 큰 충격으로 다가올 수 있다면서 원고가 고소했군요. 고래를 물 밖으로 꺼내면 죽을 수 있다는 것을 미리 예측하지 못했습니까? 피고 측 주장을 들어 보겠습니다.

고래는 포유류입니다. 고래가 포유류라는 사실을 관람객들에게 설명하기 위해 잠시 고래를 물 밖으로 나오게 한 건데 갑자기 고래가 파닥거리더니 쓰러졌습니다. 이것은 예상하지 못한 고래의 이상 반응이었으므로 조련사도 고래의 죽음에 미처 조치를 취할 수 없었습니다. 따라서 이번 사건이 조련사의 책임이라고 할 수는 없습니다.

고래가 물 밖에서도 살 수 있습니까?

사람은 포유류입니다. 고래도 사람처럼 새끼를 낳는 포유류이기 때문에 충분히 물 밖에서 살 수 있습니다.

판사님, 지금 피고 측 변호사는 고래에 대해 잘 알지도 못하면서 마치 사실을 말하는 양 진실을 왜곡하고 있습니다. 고래는

물 밖에서는 살 수 없습니다.

그런가요? 고래가 물 밖에서 살 수 없다는 게 사실입니까? 고래에 대해 자세한 설명을 해 주십시오.

고래에 대해 설명해 주실 고래 연구팀의 헤엄짱 팀장님을 증인으로 요청합니다.

증인 요청을 받아들이겠습니다.

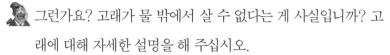

4피스짜리 수영복을 입은 50대 초반의 여성이 젖은 머리를 흔들며 증인석에 앉았다.

고래는 어떤 동물인가요?

고래는 세계적으로 약 100여 종이 알려져 있는데, 한국 근해에는 3과 8종이 보고되고 있습니다. 일반적으로 몸길이 4~5m 이상인 것을 고래, 그 이하인 것을 돌고래라고 하는데 대부분의 대형 고래류는 수염고래 아목에 속하며, 이빨 대신 고래수염이 있습니다. 이 수염 판은 바다에 사는 플랑크톤이나 작은 물고기들을 걸러 먹을 때 쓰입니다. 이빨 고래류는 이빨을 가지고 있으며, 주로 물고기나 오징어를 잡아먹는데, 돌고래도 여기에 포함됩니다.

고래가 물 밖에서 죽은 이유는 무엇인가요? 미처 예상할 수 없었던 갑작스런 이상 현상입니까?

그렇지 않습니다. 고래가 물 밖으로 나왔을 때의 고래의 죽음은 미리 예측할 수 있는 상황이며, 예측할 수 있으므로 죽지 않도록 조치를 취할 수도 있었습니다.

그렇다면 이번 사건에서 고래가 죽은 원인은 무엇인가요?

고래는 물 밖에서 오래 견디지 못합니다. 고래가 죽은 이유는 고래를 물 밖에서 오랫동안 방치했기 때문입니다.

고래가 물 밖에서는 죽을 수도 있군요. 고래가 물 밖에서 견디지 못하는 이유는 무엇인가요?

고래도 사람과 같은 포유류이기 때문에 물 밖에 있어도 숨을 쉴 수는 있습니다. 하지만 고래가 물속에 있을 때는 물의 부력이 무게의 방향과 반대로 작용하여 무게를 감소시키는 역할을 하므로 고래의 엄청난 몸무게가 허파에 큰 부담이 되지 않지만 육지에 나오면 고래가 부력을 받지 못해 엄청난 고래의 무게를 허파가 감당해야 하므로 제대로 숨 쉬지 못해 죽는 것이지요.

그러면 물속에서는 고래의 어마어마한 무게를 지탱할 수 있습니까?

사람도 뚱뚱하면 들어올리기가 힘들지만 물속에서는 한결 수월해집니다. 그것은 부력이라는 힘 때문인데요, 물속에서는 고래의 몸을 어느 정도 떠받쳐 줄 부력이 작용하기 때문에 고래가 중력에 의해 아래로 당겨지는 자신의 무게를 버틸 수 있

는 것입니다.

 그렇다면 물 밖에선 자신의 몸무게가 너무 버거워 버티지 못하고 결국 허파가 짓눌려 호흡 곤란으로 죽는 것이군요. 만약 물속에서처럼 부력이 작용한다면 고래가 물 밖에서도 살 수 있습니까?

고래의 피부를 마르지 않게 유지시키고 먹이를 제공하고 부력을 가해 줬더라면 별 무리 없이 살 수 있었겠지요. 피고 측의 고래가 죽은 것은 조련사가 고래의 특성을 잘 알지 못하고 고래를 지상에 내보냈기 때문입니다. 만약 고래가 지상에서 힘들어 했을 때 재빨리 다시 물속으로 넣었다면 고래가 죽지 않았을 수도 있지요.

결국 고래가 물 밖에서 오랫동안 머무르지 않았다면 죽음을 피할 수 있었겠네요. 조련사로서 고래에 대해 잘 알지 못한 책임이 아주 큽니다. 또한 아이들이 받았을 충격을 어떻게 보상할지 참으로 걱정스럽습니다. 조련사는 자신의 실수를 인정하고 반성하여 이번 사건에 대한 책임을 져야 합니다.

부력

물속에서는 몸이 가볍게 느껴진다. 이것은 물체의 무게를 누르는 힘과 반대 방향의 물 위로 뜨려고 하는 힘이 물체에 작용하기 때문인데 이 힘을 부력이라고 한다. 이러한 이유로 물속에서는 무거운 물체를 훨씬 더 가볍게 들어올릴 수 있다.

고래가 물 밖에서 견디기 힘들다는 사실을 조련사가 미리 알았다면 충분히 막을 수 있었던 사건이라고 판단됩니다. 조련사로서의 본분을 다하지 못한 것은 피고의 잘못이며 고래의 죽음과 이로 인해 아이들에게 충격을 준 것에 대한 책임을 져야 할 것입니다. 조련사는 앞으로 이 일을 하는 데 있어서 항상 정확한 지식을 익히고 실천하도록 하세요. 조련사 일과 관련해 더욱더 열심히 공부해야 할 것입니다. 이상으로 재판을 마치겠습니다.

고래가 죽는 광경을 눈앞에서 목격한 급놀 군과 따라 군은 너무나 슬퍼했다. 그 사건 이후 급놀 군은 절대 냇가의 물고기를 잡지 않겠다고 다짐했다. 이제 급놀 군은 백과사전이나 도감을 찾아보는 것을 놀이로 삼았고 따라 군 역시 급놀 군과 함께 도감 공부에 매진했다.

과학성적 끌어올리기

열역학 제1법칙

열역학 제1법칙은 열기관에 열을 공급했을 때 작용하는 법칙입니다.

- **열역학 제1법칙: 열기관에 열을 공급하면 같은 양의 다른 형태의 에너지로 바뀐다.**

주전자에 물을 넣고 가스레인지 위에 올려놓으면 물이 끓으면서 주전자 뚜껑이 들썩거리지요? 주전자는 바로 열기관입니다. 이 주전자에는 뚜껑이 있고 주전자 속에는 물이 들어 있습니다. 그리고 우리는 가스레인지를 매개로 주전자에 열을 공급했습니다. 이때 주전자에 공급한 열에너지는 물의 온도를 높이는 데도 사용되었지만 뚜껑을 위로 들어올리는 데도 사용되었습니다.

즉 가스레인지를 통해 주전자에 열을 공급한 것이 여러 가지 형태의 에너지로 바뀐 것이지요. 여기서 주전자 속의 물의 온도가 올라간 것은 물의 내부 에너지의 증가를 의미합니다. 또한 뚜껑을 들어올린 것도 주전자가 한 일이라고 볼 수 있지요. 그러므로 이때의

열역학 제1법칙은 다음과 같이 쓸 수 있습니다.

- **열기관에 공급한 열 = 물의 내부 에너지 증가 + 열기관이 한 일**

여기서 주전자의 뚜껑이 들어올려지는 것을 손으로 눌러 막는다면 주전자와 물의 내부 에너지는 더 크게 증가합니다. 즉 물이 더 빨리 끓게 되는 것이지요.

단열과정

외부에서 열의 공급이 없어도 기체가 팽창하거나 수축하면 온도가 변합니다. 이렇게 외부에서 열이 공급되지 않는 과정을 단열과정이라고 합니다.

이 경우 열역학 제1법칙은 다음과 같이 나타낼 수 있습니다.

- **0 = 내부 에너지의 증가 + 열기관이 한 일**

이때 열기관이 한 일이 (+)이면 내부 에너지의 증가는 (−)이므로 내부 에너지는 감소하게 되고, 열기관이 한 일이 (−)이면 내부 에너지의 증가가 (+)가 되므로 내부 에너지는 증가합니다.

먼저 내부 에너지가 감소하는 경우를 보죠.

열기관이 팽창하면 열기관이 외부에 일을 하게 됩니다. 이때 열기관이 한 일은 (+)가 되지요. 따라서 이때의 내부 에너지의 증가는 (−)가 됩니다. 열기관의 내부 에너지가 감소하므로 온도는 내려갑니다.

입을 작게 벌리고 손바닥에 '후~' 하고 바람을 불어 보면 시원한 바람이 나오지요? 이것이 바로 단열과정의 예입니다. 입 안의 공기가 작은 입을 통해 빠져나오면 갑자기 부피가 커지게 되므로 기체의 내부 에너지는 감소하고 기체의 온도가 내려가면서 시원해지는 것입니다.

이번에는 내부 에너지가 증가하는 경우를 한번 보죠.

열기관이 수축하면 외부에서 열기관에 일을 하게 됩니다. 이럴 때 열기관은 (−)의 일을 하게 되고 내부 에너지의 증가는 (+)가

됩니다. 즉 내부 에너지가 증가하므로 온도는 올라갑니다.

입을 크게 벌려 손바닥에 '하~' 하고 바람을 불면 더운 바람이 나오지요? 이것도 단열과정의 예입니다. 입 안의 공기가 큰 입을 통해 빠져나오면 갑자기 부피가 작아지게 되므로 기체의 내부 에너지는 증가하고 기체의 온도가 올라가면서 더운 공기가 되는 것입니다.

기타 물질의 변화에 관한 사건

샤를의 법칙이 엉터리라고요?

영하 273℃에서 모든 물질은 기체 상태로 존재할까요?

마수리 초등학교에는 엉뚱하기로 소문난 학생이 있었다. 이름은 물음표 군. 수업시간마다 선생님께 엉뚱한 질문을 하는 탓에 선생님들을 곤혹스럽게 만드는 장본인이었지만 머리가 똑똑한 영재여서 학교 성적만큼은 매우 뛰어난 물음표 군이었다.

여느 날과 다름없이 물음표 군은 수업이 시작되자 제일 먼저 손을 들어 질문했다.

"선생님, 1 더하기 2는 왜 12가 아니라 3이에요?"

"답은 당연히 3이지. 손가락으로 계산해 봐도 3이 나오잖니?"

"하지만 모든 수학이 손가락으로 계산되지는 않잖아요?"

"그건…… 어쨌든 1 더하기 2는 3이니깐 그렇게 외우렴. 넌 늘 엉뚱하구나!"

선생님들은 항상 물음표 군이 원하는 답을 준 적이 없어 지칠 만도 했건만 물음표 군의 질문은 끊이지 않았다.

그러던 어느 날, 휴일을 맞은 물음표 군이 아버지와 함께 텔레비전을 보고 있었다. 아버지와 함께 보는 교양 프로그램에 요즘 한창 인기 있는 과학자 샤를이 출연했다.

"아버지, 저 사람이 누구예요?"

"응, 샤를 말이냐? 요즘 새로운 과학 법칙을 발표한 실력 있는 과학자란다."

"새로운 법칙이요?"

제아무리 뛰어난 영재 물음표 군도 텔레비전을 볼 때만큼은 여느 아이들과 다름없이 과자를 입 주변에 죄다 묻히며 먹는 어린아이의 모습이었다. 물론 '새로운 법칙'이라는 아버지의 말에 물음표 군의 궁금증은 되살아났다.

"그래, 아마 '모든 기체가 일정 온도까지 낮아지면 부피가 0이 된다'는 법칙이었을 거야. 지금 자세히 나오는구나."

아버지는 호기심으로 눈이 초롱초롱해진 물음표 군을 보며 말했다. 마침 텔레비전에서는 샤를이 직접 토크쇼에 나와 자신이 발견한 새로운 법칙에 대해 소개하고 있었다.

"샤를 선생님의 이론이 요즘 한창 화젯거리인데요…… 요즘의 인기를 실감하시나요?"

"당연하죠. 제 인기가 아이돌 스타 서방신기보다 더 높다고 하던데요, 전 이미 이런 인기를 예상하고 있었습니다."

"네, 샤를의 법칙에 대해서 좀 더 자세한 설명 부탁드립니다."

"저의 이론은 간단합니다. 이 세상에 있는 모든 기체가 영하 273°C가 되면 부피가 없어진다는 법칙입니다. 즉 부피가 0이 된다는 법칙이지요."

"오! 정말 놀랍군요."

"저처럼 이렇게 머리 좋은 과학자가 어디 세상에 그리 많나요? 하하하!"

샤를은 잘난 척하듯이 머리를 휙 쓸어 올렸다. 그리고 팬 서비스 차원인 듯 팬들을 향해 찡긋 윙크하는 일도 잊지 않았다. 샤를은 자신의 이론에 강한 자부심을 가진 듯 토크쇼에서 본인의 자랑에 여념이 없었다.

텔레비전을 보고 있던 물음표 군은 샤를의 겸손치 못한 모습에 절로 눈살이 찌푸려졌다.

"아버지, 저 과학자는 온통 자기 자랑뿐이네요."

"샤를의 법칙을 발견했으니 저렇게 자랑할 만도 하지."

물음표 군은 먹고 있던 과자를 테이블에 올려 두고 잠시 생각에 잠겼다. 그러다 무언가 석연치 않다는 눈빛으로 아버지에게 말했다.

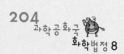

"아버지, 그런데 제 생각에는 저 이론에 오류가 있는 것 같아요."

이미 전문가들에게 검증받고 일반인들에게 널리 인정받은 샤를의 법칙에 오류가 있다는 물음표 군의 말에 아버지의 눈이 휘둥그레졌다.

"그게 무슨 소리니? 샤를의 이론은 이미 전문가들에게조차 검증받았는걸?"

"하지만 뭔가 이상해요. 저 온도에서 모든 물질이 기체 상태라는 게 정말일까요?"

샤를의 이론이 틀렸다고 생각하는 물음표 군의 말에 아버지는 어깨만 으쓱해 보일 뿐이었다. 결국 물음표 군은 호기심을 참지 못하고 컴퓨터를 켰다.

"아들! 지금은 컴퓨터 오락을 할 시간이 아닌 것 같은데?"

"컴퓨터 오락을 하려는 게 아니에요!"

"그럼?"

"아버지, 그건 비밀이에요."

물음표 군은 손가락을 입술에 갖다 대며 비밀이라는 것을 강조했다. 아버지도 더 이상 물음표 군의 그런 행동을 캐묻지 않았다.

물음표 군이 컴퓨터를 켜자마자 들어간 곳은 샤를의 홈페이지였다. 샤를의 이론은 이미 너무나도 유명해져 있어서 홈페이지의 방문자 수는 실로 어마어마했다.

'글을 올릴 수 있는 곳이……'

물음표 군은 이리저리 홈페이지를 살펴보다가 방명록을 찾아 고사리 같은 손으로 빠르게 타자를 쳐 내려갔다.

저는 마수리 초등학교에 다니는 물음표라고 합니다. 제 생각에 샤를의 법칙은 엉터리입니다. 모든 물질이 영하 273℃에서 기체 상태로 존재한다는 건 말도 안 됩니다. 샤를 아저씨 뻥쟁이!

이렇게 물음표 군은 샤를의 홈페이지에 샤를의 법칙은 엉터리라는 글을 남겼고 샤를의 홈페이지에 방문하는 많은 이들이 자연스럽게 물음표 군의 글을 보게 되었다. 마침내 이 소식은 샤를의 귀에도 들어갔다.

"뭐? 감히 내 이론이 엉터리라고?"

"그게, 저…… 한번 확인해 보시겠어요?"

샤를은 몹시 씩씩대며 자신의 홈페이지에 들어갔고 사실을 확인하자마자 반드시 물음표 군을 찾아내 혼쭐을 내 줘야겠다고 생각했다.

"이놈을 반드시 찾아내고야 말겠어!"

샤를은 수소문 끝에 물음표 군의 집 주소를 알아냈고, 바쁜 스케줄에도 불구하고 직접 물음표 군을 찾아 나섰다.

텔레비전에서만 보던 샤를을 눈앞에서 직접 대면한 물음표 군의 부모님은 처음에는 너무 놀랍고 반가운 마음이 앞섰지만 한편으로

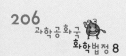

는 무슨 영문인지 몰라 당황하는 기색이 역력했다.

"아, 아니…… 이렇게 유명한 분이 이 누추한 곳까지 어인 일로……."

"여기가 물음표 군이 사는 곳이 맞습니까?"

흥분한 샤를의 목소리에 방에서 공부하고 있던 물음표 군이 밖으로 나왔고 자신의 눈앞에 있는 사람이 샤를이라는 사실을 깨닫고는 잠시 어안이 벙벙해졌다.

"네가 물음표 군이니?"

"그런데요? 무슨 일로 저를……."

"초등학생이 알긴 뭘 안다고 내 방명록에 그런 글을 올린 거야?"

샤를의 부글부글 끓어오르는 화가 그의 이글이글 타오르는 눈빛에 그대로 드러났고 도저히 참을 수 없다는 듯이 물음표 군의 볼을 매우 세게 꼬집었다.

"아야야! 꼬집지 마세요. 아파요!"

"미안, 하지만 아무 생각 없이 네가 올린 글 하나 때문에 내가 입은 피해를 생각하니 너무나 화가 나."

물음표 군이 걱정된 아버지는 샤를의 손에서 물음표 군을 떼어내어 자기 쪽으로 데려왔다.

"도대체 무슨 일입니까?"

"아버님은 아무것도 모르시나 보군요. 댁의 아드님이 제 홈페이지에 어떤 글을 올렸는지……."

"네? 대체 무슨 말씀이신지……."

아버지는 여전히 영문을 모르겠다는 듯 물음표 군을 빤히 바라보았고, 물음표 군이 자신도 도무지 무슨 일인지 알 수 없다는 눈빛을 보내자 아버지는 다시 샤를 쪽으로 고개를 돌렸다.

"저는 지금 그걸 설명하러 온 게 아닙니다. 어쨌든 당신네 아드님이 저의 위대한 법칙을 모독한 것에 대해 고소를 하겠다는 말씀을 드리러 온 것이지요."

"네? 고소라니요?"

샤를은 몹시 기분이 언짢다는 듯이 다시 손으로 머리를 쓸어 올렸다. 한번 내뱉은 말은 반드시 실행으로 옮긴다는 결연한 태도가 엿보였다.

"당연하지요. 겁도 없이 함부로 그런 글을 올린 물음표 군은 물론이고 감히 그런 행동을 하도록 평소에 가정교육을 잘못하신 부모님도 함께 고소할 생각입니다."

샤를은 그렇게 자기가 할 말만 남긴 채 자리를 떠났고, 물음표 군이 자신의 홈페이지에 본인의 명예를 훼손시키는 글을 남겼다는 이유로 물음표 군과 그의 부모님을 고소하기에 이르렀다.

영하 273°C에서 기체 상태로 존재하는 물질은 없습니다.

영하 273°C일 때의 기체의 부피는 0이
될까요?
화학법정에서 알아봅시다.

 재판을 시작합니다. 먼저 원고 측 변론하
세요.

 샤를은 기체에 관한 한 권위자입니다. 그는
기체의 온도가 올라갈수록 부피가 증가하고 반대로 온도가 내
려갈수록 부피가 줄어든다는 법칙을 발견했습니다. 이것이 샤
를의 법칙이지요. 이 법칙에 따르면 모든 기체는 0°C에서 기
체의 온도가 1°C씩 내려갈 때마다 기체의 부피가 1/273만큼
씩 감소합니다. 따라서 이 법칙에 의하면 영하 273°C가 되면
기체의 부피는 하나도 남지 않아 결국 0이 됩니다. 이러한 이
유로 샤를의 법칙이 성립한다고 할 수 있지요.

 좋습니다. 피고 측 변론하세요.

 물질의 세 가지 상태에 대해 연구하시는 고액기 박사님을 증
인으로 요청합니다.

몸이 비쩍 말라 보이는 40대의 남성이 마치 젓가락처럼 뻣
뻣하게 증인석으로 걸어 들어왔다.

먼저 기체에 대해 설명해 주시겠습니까?

모든 기체는 일정 온도로 내려가면 액체 상태로 변하고 여기서 또다시 일정 온도로 내려가면 고체 상태가 됩니다. 하지만 아무리 온도가 내려가도 고체 상태로 변하지 않는 예외적인 물질도 있습니다.

그게 대체 뭡니까?

헬륨입니다. 헬륨은 상온에서는 기체 상태로 존재하다가 영하 269°C가 되면 액체 상태로 변합니다. 하지만 그 이상 아무리 온도가 내려가더라도 고체 상태의 헬륨은 만들어지지 않습니다. 즉 헬륨 고체라는 것은 자연에 존재하지 않습니다.

그럼 본론으로 들어가, 샤를의 법칙에 대한 물음표 군의 문제 제기에 대해서 어떤 입장이신가요?

물음표 군의 주장에 일리가 있다고 생각합니다. 샤를의 주장에 따르면 모든 기체는 영하 273°C에서 부피가 0이 된다고 하지만 기체 가운데서 영하 273°C가 될 때까지 기체 상태를 유지하는 물질은 없습니다. 예를 들어 이산화탄소는 상온에서 기체 상태이지만 영하 78.5°C에서는 고체 상태의 물질인 드라이아이스로 변합니다. 물론 여기서 온도가 더 내려가더라도 고체 상태인 드라이아이스로 유지되지요. 여기서 이산화탄소는 영하 273°C일 때 기체 상태가 아니므로 샤를의 법칙대로 모든 기체 물질이 영하 273°C에서 부피가 0이 된다는 이론을 증명할 수 없습니다.

 그렇군요. 샤를의 법칙에서 가장 큰 오류는 영하 273°C에서 기체 상태로 존재하는 물질이 없다는 거군요.

 잘 들었습니다. 그럼 판결을 내리겠습니다. 영하 273°C라는 온도는 물질이 기체 상태로 존재하기에는 너무 낮은 것 같네요. 샤를의 법칙의 오류를 일부 정정하여 공론화하는 게 바람직하겠습니다. 이상으로 재판을 마치겠습니다.

재판이 끝난 후 샤를의 법칙의 일부 내용이 다음과 같이 정정되었다.

만일 영하 273°C에서 기체 상태인 물질이 존재한다면 그 기체의 부피는 0이 된다.

 샤를의 법칙의 비밀

샤를의 법칙은 압력이 일정할 때 기체의 부피가 종류와 상관없이 온도가 1도씩 올라갈 때마다 0°C일 때 부피의 1/273씩 증가한다는 것이다. 1791년 전지의 발명으로 유명한 볼타도 이와 같은 사실을 실험을 통해 확인했다. 한편 샤를은 자신의 실험 결과를 어느 곳에도 발표하지 않았다. 그러나 1802년 기체 반응의 법칙으로 유명한 게이뤼삭이 자신의 논문에서 이 같은 법칙을 처음으로 발견한 사람이 샤를이라고 언급함으로써 샤를의 법칙이 세상에 알려지게 되었다. 하지만 게이뤼삭의 논문에는 샤를이 정확하게 언제 샤를의 법칙을 발견했는지에 관해서는 밝히고 있지 않다. 다만 게이뤼삭의 논문이 발표된 1802년을 샤를의 법칙이 발견된 날로 정하고 있다. 한편 일부 과학자들은 샤를의 법칙을 게이뤼삭의 법칙으로 부르기도 한다.

영구기관 새

쉬지 않고 물을 먹는 장난감 새가 정말 영구기관일까요?

사건속으로

과학공화국의 시골 마을 컨트리에는 어느 호기심 많은 소년, 준화가 살고 있었다. 준화는 호기심이 너무 많아서 자기 주위에서 일어나는 모든 일들에 대해 늘 많은 관심을 가졌다.

"엄마, 저 새는 왜 우는 거죠? 새도 사람처럼 감정이 있나요?"

"선생님, 분필을 쓰면 왜 가루가 생기는 거죠?"

처음에는 신동이 났다며 준화가 묻는 갖가지 질문에 정성껏 답해 주던 주위 사람들도 준화의 끝없는 물음에 점점 지쳐가고 있었다.

"엄마, 별은 움직이는 건가요? 아니면 멈춰 있는 건가요?"

"아저씨, 사람의 손에도 보이지 않는 물갈퀴가 달려 있나요?"

"목사님, 사람이 자신의 팔꿈치에 입술을 댈 수 있으면 천사라는 말이 있던데, 사실인가요?"

준화의 질문이 계속될수록 주위 사람들의 반응은 점점 냉담해져만 갔다. 심지어 준화의 물음에 짜증을 내는 사람들도 생기기 시작했다. 이런 주변의 반응에는 전혀 아랑곳하지 않는다는 듯 준화의 호기심은 나날이 커져만 갔고…… 어느덧 준화는 고등학생이 되었다.

"준화야, 네가 그동안 어떤 일이든지 할 것 없이 호기심을 가지고 늘 궁금해 했다는 것을 이 엄마는 잘 안단다. 이제는 더 큰 도시로 가서 마음껏 배우고 네 꿈을 펼쳐 보렴."

"아, 어머니…… 어머니만은 제 마음을 헤아리고 계셨군요. 그럼 어머니…… 제가 3년만 도시로 나가 그간 마음에 품고 있던 수많은 궁금증들을 해결하고 오겠습니다. 3년이 지나 제가 집으로 돌아오는 날, 어머니께서는 캄캄한 어둠 속에서 떡을 썰어 주십시오."

"오냐, 알았다. 그럼 얼른 떠날 준비를 하여라."

그렇게 해서 준화는 과학공화국의 최대 도시인 빌리지로 상경하게 되었다. 준화가 떠나던 날, 엄마는 준화를 배웅하고 돌아오면서 생각했다.

'뭐? 3년 뒤에 나더러 떡을 썰라고? 이놈이 자기가 한석봉인 줄 아나? 바빠 죽겠는데 언제 떡 썰거나 하고 앉아 있어!'

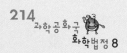

한편 부푼 가슴을 안고 빌리지역에 첫 발을 내딛은 준화는 역시 예상대로 빌리지의 거대하고 화려한 모습에 절로 감탄이 나왔다.

'우아, 세상에! 이렇게 높은 빌딩이 있다니…… 나는 이제까지 컨트리에서 살면서 2층짜리 건물도 구경하기가 힘들었는데…… 도대체 저게 몇 층이야? 1, 2, 3…… 세상에! 63층이라니…… 너무 신기한군!'

준화는 먼저 자신이 다니게 될 고등학교를 찾아가 보기로 했다.

'빌리지역에서 지하철로 두 정거장이라…… 지하철? 그래, 책에서만 보던 지하철을 내가 실제로 타게 되는구나…… 오, 이건 지하로 다니는 기차라고 할 수 있겠군.'

빌리지로 유학 온 준화는 난생처음 보는 것들로 가득 찬 빌리지가 그저 신기하기만 했고…… 너무나 기뻐 심장이 두근거리기까지 했다.

전학 온 고등학교에서 준화는 누구보다도 더욱 열심히 공부하였다. 모르는 것이 있으면 반드시 물어봐야지만 직성이 풀리는 준화의 성격 덕에 준화는 어느새 전교 1등을 놓치지 않는 아이가 되어 있었다. 특히 준화의 호기심은 과학 과목에서 더욱 빛을 발하였는데 우수한 성적은 기본인 데다가 과학공화국 발명 대회에서도 매번 1등을 휩쓸곤 했다.

"야, 이 자식 이준화! 촌에서 올라온 주제에 건방지게 전교 1등을 해?"

"누…… 누구세요?"

"누…… 누구세요? 네가 앞에서만 맴도니까 이 유명한 형님을 아직까지 못 알아보나 본데, 나 나순재야. 난 건방진 녀석은 차마 눈 뜨고 볼 수가 없는 특이한 유전자를 가지고 있거든? 오늘 점심시간에 학교 옥상에서 한판 붙자!"

나순재의 협박에 잔뜩 겁을 집어먹은 준화는 어찌할 줄을 몰라 발만 동동 굴렀고…… 그런 준화의 애타는 심정은 관계없다는 듯 어느새 점심시간이 되었다. 점심시간을 알리는 종소리와 동시에 나순재는 이 순간만을 기다려 왔다는 듯 준화를 옥상으로 호출했다.

"야, 이준화! 옥상으로 올라와!"

"응, 으응…… 알았어."

준화는 얼떨결에 손에 들고 있던 돋보기를 그대로 든 채 나순재를 따라 옥상으로 올라갔다.

'어쩌지…… 나순재한테 한 대만 맞으면 나는 금방 오징어처럼 납작해지겠지? 아유…….'

나순재가 험악한 표정을 하고 준화에게 말했다.

"자, 간다! 내 주먹 맛 좀 봐라!"

"으악!"

준화는 순재의 주먹을 막아 보려고 얼떨결에 들고 있던 돋보기를 올려 머리를 막았다. 그러자 햇빛이 돋보기를 통과해 순재의 머리카락으로 쏟아져 내렸다.

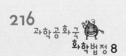

"앗! 순재의 머리카락이 타고 있어!"

강렬한 햇빛이 돋보기를 통과해서 순재의 머리카락을 태웠던 것이다. 그러자 순재의 정수리 주변으로 동그란 땜통이 생겨났고 이 광경을 지켜보던 친구들은 순재의 땜통을 보고 배꼽을 잡으며 웃기 시작했다. 순간 창피함으로 얼굴이 불타는 고구마가 된 나순재는 후다닥 계단을 내려가 버렸다. 뜻밖의 행운으로 순재를 물리친 준화는 히죽대며 교실로 들어갔다.

이렇게 해서 얼떨결에 싸움에서 승자가 된 준화는 집으로 돌아가는 발걸음이 그 어느 때보다도 가벼웠다.

'후후, 내가 싸움을 못한다고 깔보면 안 되지! 나에겐 좋은 머리가 있다 이거야! 후후! 어? 그런데 저건 뭐지?'

준화는 문구점 앞에서 발걸음을 멈췄다.

"물 먹는 새? 건전지가 없는데도 계속 움직이면서 물을 먹는다고? 정말 신기한 장난감인걸? 아저씨, 저도 이거 하나 주세요."

준화는 장난감을 사 들고 집으로 와서 찬찬히 관찰해 보았다. 그런데 이 물 먹는 새가 정말 건전지가 없는데도 쉴 새 없이 움직이면서 물을 먹는 게 아닌가! 이러한 사실이 놀랍기만 한 준화는 당장 특허 위원회로 전화를 걸었다.

"여보세요? 거기가 특허 위원회인가요? 다름이 아니라 제가 물 먹는 새라는 장난감을 하나 샀는데요, 이게 건전지가 없이도 움직이면서 물을 먹는다고요. 그러니까 이건 영구기관이잖아요. 지금 당장 특허로 인정해 주세요."

"참 내, 그건 영구기관이 아니에요. 우리 특허 위원회에서는 인정해 드릴 수가 없습니다. 그럼 이만……."

"아니, 영구기관이 맞는데 지금 무슨 소리를 하는 겁니까?"

"뚜뚜뚜……."

"에잇, 전화를 그냥 끊어 버려? 내 의견을 이렇게 무시하다니…… 좋아, 화학법정에 의뢰해서 내 기필코 특허 위원회의 인정을 받고 말 테다!"

기체 상태에서 액체 상태로 변하는 것을 액화,
액체 상태에서 기체 상태로 변하는 것을 기화라고 합니다.

물을 먹는 새는 어떻게 건전지 없이도
움직이는 걸까요?
화학법정에서 알아봅시다.

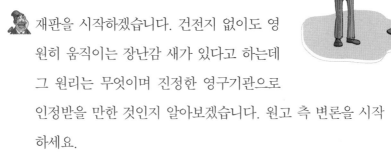

재판을 시작하겠습니다. 건전지 없이도 영
원히 움직이는 장난감 새가 있다고 하는데
그 원리는 무엇이며 진정한 영구기관으로
인정받을 만한 것인지 알아보겠습니다. 원고 측 변론을 시작
하세요.

외부로부터 어떠한 동력도 받지 않고 영원히 움직이거나 일하
는 기구를 영구기관이라고 합니다. 물을 먹는 새 장난감은 건
전지 같은 외부의 힘을 빌리지 않고도 계속 움직이기 때문에
영구기관이라고 볼 수 있습니다.

특허 위원회에서는 새 장난감을 영구기관으로 인정할 수 없다
고 합니다. 영구기관의 조건을 어느 기관보다도 잘 알고 있는
특허 위원회에서 새 장난감을 영구기관으로 인정해 줄 수 없
는 데는 그만큼 타당한 이유가 있을 것으로 사료되는데요?

타당한 이유가 있다기보다는 특허를 많이 내주면 특허가 너무
많아질 수 있어 일부러 인정해 주지 않는 것 같은데요?

화치 변호사의 개인적인 의견을 마치 사실인 양 떠벌리는 것
은 위험한 발언입니다. 피고 측 변론을 통해 특허 위원회에서

물 먹는 새 장난감을 특허로 인정할 수 없는 이유를 알아보도록 하지요. 피고 측 변론해 주세요.

원고가 특허로 인정해 달라고 하는 새 장난감은 특별히 어떤 동력을 받은 것은 아니지만 그렇다고 아무런 작용도 받지 않은 것은 아닙니다. 따라서 새 장난감을 특허로 인정할 수 없습니다.

새 장난감이 외부로부터 직접적인 동력을 받지는 않았지만 어떠한 작용이 가해졌다는 뜻입니까?

그렇습니다. 새 장난감의 운동 원리와 특허 가능 여부에 대한 판단을 해 주실 특허 위원회의 다말해 위원장님을 증인으로 요청합니다.

증인 요청을 수락합니다.

특허 서류를 옆구리에 끼고 새 장난감을 한 손에 든 50대 중반의 남성이 마치 아이처럼 해맑게 웃으면서 증인석에 앉았다.

원고 측에서 영구기관이라고 주장하는 물을 먹는 새 장난감에 대해 자세한 설명 부탁드립니다.

이 물을 먹는 새 장난감은 부리를 물속에 넣었다 고개를 들었다 까딱거리면서 한시도 쉬지 않고 움직이는 새입니다. 아이들이 무척 좋아하는 새 모양의 장난감이지요.

이 장난감이 외부의 어떤 동력을 받지 않고도 계속해서 움직인다고 해서 영구기관으로 인정할 수 있습니까?

영구기관으로 인정할 수 없습니다. 겉보기에는 마치 동력을 받지 않고 영구적으로 운동하고 있는 것처럼 보이지만 실은 이 장난감 안에 비밀이 숨어 있습니다.

어떤 비밀인가요?

장난감 안에는 염화메틸렌이라는 물질이 들어 있습니다. 이것은 휘발성이 강한 무색 액체로서 끓는점은 40도이지만 보통의 온도에서나 사람의 체온으로도 쉽게 증발이 일어나 표면의 액체가 기체로 변합니다. 바로 이 액체가 새 장난감을 계속해서 움직이게 만드는 것이지요.

참으로 놀랍군요. 장난감 안의 염화메틸렌이 어떻게 해서 새를 움직이게 만든다는 건가요?

장난감 안에 든 염화메틸렌은 실내 온도 때문에 증발하여 기체가 되어 새 머리 부분으로 올라가게 됩니다. 머리 부분으로 올라간 기체는 점점 식어서 액체가 되는데 이때 머리 쪽이 무거워져 새의 부리가 물에 잠기게 됩니다. 그러나 조금 지나면 액체는 다시 열을 받아 증발이 되어 기체가 되어 꼬리 부분으로 이동하고 기체가 식으면서 다시 액체가 되어 머리 부분은 위로 올라가고 꼬리를 내리게 됩니다. 이렇듯 염화메틸렌이 기체에

서 액체로 액체에서 기체로의 변신을 반복하는 것입니다.

 그러니까 염화메틸렌이 액화와 기화를 반복하는 것이군요.

 그렇습니다. 우리 주변의 물질들은 특정한 조건에 특정한 상태, 즉 기체, 액체, 고체 등의 상태로 제각기 존재합니다. 액체인 물은 일정한 온도가 되면 기체인 수증기가 되어 날아가지요. 물이 액체에서 기체로 변화하는 일정 온도는 물의 끓는점인 섭씨 $100°C$입니다. 하지만 물을 대야에 받아 두면 물이 끓지 않았는데도 물이 줄어듭니다. 그것은 바로 물 표면의 분자들이 기체로 변해 날아가는 과정인데 이것을 증발이라고 하지요. 이러한 증발 과정은 끓는점보다 낮은 온도에서도 일어납니다. 그러므로 염화메틸렌의 끓는점이 $40°C$ 정도로 실온보다 높지만 실온 정도에서 증발이 활발하게 일어나므로 기체로 쉽게 변하는 것이지요. 결국 원고 측에서 새 장난감을 영구기관으로 인정해 달라고 한 것은 염화메틸렌이라는 물질의 작용으로 인한 눈속임이었던 셈이지요.

 이로써 물을 먹는 새 장난감이 영구기관이 아니라 염화메틸렌의 상태변화에 따른 움직임이라는 것이 밝혀졌습니다. 비록 새 장난감이 영구기관이 아닌 것으로 판명 났지만 운동 원리에 대한 설명을 통해 물질의 상태변화를 공부할 수 있는 유익한 시간이었던 것 같습니다.

 새 장난감이 부리를 물속에 찢으면서 마치 물을 먹는 것 같은 운동을 했던 이유가 기화와 액화를 반복하는 염화메틸렌이라는 물질 때문이라는 것을 확인했습니다. 결국 새 장난감을 영구기관으로 인정하기는 어렵게 되었군요. 학생의 신분인 원고가 호기심과 실험 정신으로 과학적인 현상을 분석해 보는 태도는 높이 살 만합니다. 앞으로도 열심히 공부하여 훌륭한 인재가 되기를 바랍니다. 이상으로 재판을 마치겠습니다.

재판이 끝난 뒤, 도시에는 신기한 것도 많고 배울 것도 많다는 것을 깨달은 준화는 더욱 부지런히 공부하여 3년째 되는 날 고향으로 돌아갔다. 그러나 어머니의 떡 썰기 솜씨에 실망한 준화는 어머니가 떡을 정갈하고 솜씨 좋게 썰게 되는 날 돌아오겠다며 또다시 유학 길에 올랐다.

염화메틸렌

염화메틸렌은 디클로로메탄이라고도 불리며 유기 화합물을 추출하거나 냉매(냉동기 따위에서 저온 물체에서 고온 물체로 열을 끌어가는 매개 물질)로 쓰인다. 그러나 지하수를 오염시키거나 암을 유발할 수 있는 유독성이 있는 위험한 물질이기도 하다.

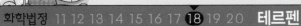
오렌지 껍질과 낙서

아이들의 매직 낙서로 골머리를 앓는 꽃밭 유치원 선생님들에게
오렌지 껍질이 구원의 손길을 내밀까요?

"우리 선생님은 엉뚱이래요, 엉뚱이래요!"

"선생님 똥침. 아싸!"

"선생님, 재덩이가 응가 해 버렸어요."

꽃밭 유치원은 개구쟁이들이 많기로 유명했다. 이곳에는 세 명의
유치원 선생님들이 있었는데, 아이들이 얼마나 요란한지 세 명의
선생님으로는 턱없이 부족할 정도였다. 이쪽에서 한 아이가 장난을
치고 있으면 저쪽에서 금세 또 다른 일이 터지곤 했다.

오늘만 해도 꽃밭 유치원 선생님들은 아이들 뒤치다꺼리에 정신
없이 바쁜 하루를 보냈다.

"선생님 엉덩이가 좀 토실토실하기는 하지만…… 그렇다고 선생님 앞에서 그렇게 말하면 선생님이 부끄럽잖아!"

"히히히! 우아~ 선생님은 엉덩이가 산같이 커요."

"요 녀석이, 근데 재덩이가 지금 곤란한 상황인 것 같은데 짱이는 저기 저 선생님한테 잠깐 가 있을래?"

재덩이가 응가를 했다는 소리에 김엉뚱 선생님은 재덩이한테 재빨리 달려갔다.

"재덩이, 화장실에 가고 싶으면 손들고 선생님한테 말하라고 했잖아."

"선생님한테 말하려는 순간 벌써 응가가 나와 버렸어요."

"그래…… 일단 옷이나 갈아입자. 근데 우리 재동이 이제 곧 여덟 살이잖니? 그러니까 이젠 혼자서 화장실 가는 연습 좀 해 볼까?"

"알았어요, 선생님. 실은 저도 좀 부끄러워요."

김엉뚱 선생님은 아이들을 잘 돌보기로 소문이 나 있었다. 부끄러움에 말문을 닫아 버린 아이도 김엉뚱 선생님 손에만 맡겨지면 금세 말문이 트인다는 소문까지 나돌 정도였다. 아이들에 대한 김엉뚱 선생님만의 철학은 아이들도 성인과 같은 한 사람의 인격체로 대하자는 것이었다.

아이들이 아무리 잘못을 해서 본인이 화가 나는 상황이 오더라도 아이들을 야단치기보다는 늘 아이의 입장에서 이해해 주고 타이르도록 노력했다. 그래서인지 꽃밭 유치원에는 유독 장난이 심한 말

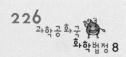

썽꾸러기들이 많이 들어왔다.

"김 선생님이 아이들을 그렇게 잘 돌보신다고 들었어요. 우리 아이가 집중력도 좀 떨어지고, 말썽 부리는 수준도 웬만한 골목대장 저리 가라예요. 그래서 말씀인데 특별히 잘 좀 부탁드릴게요."

"우리 집 아이는 워낙에 수줍음이 많아서요, 아이들과 잘 어울리지를 못해요. 선생님만 믿겠습니다."

하나부터 열까지 개성 넘치는 아이들로 인해 꽃밭 유치원 선생님들은 눈코 뜰 새 없이 바빴다.

꽃밭 유치원의 또 다른 선생님은 터프하기로 둘째가라면 서러운 한 선생님이었다. 대부분의 말썽꾸러기들이 한 선생님에게 맡겨졌다.

"큰일 났어요, 한 선생님. 하늘이가 옆 유치원 애랑 싸워요."

"요 녀석이 또 일을 냈어요? 기다려라 하늘아, 선생님이 간다."

"한 선생님, 꽁이가 지나가던 고등학생 형한테 똥침을 하다가 걸려서 막 야단맞고 있어요."

"어떻게 너희들은 선생님이 숨 쉴 틈을 안 주니? 아무튼 앞장서거라. 거기가 어디냐?"

한 선생님은 쉴 새 없이 아이들이 일으키는 사건 사고 탓에 잠시도 숨 돌릴 틈이 없이 바빴다. 한 터프 하는 성격 탓에 유치원 밖에서 터진 사고를 처리하는 쪽은 늘 한 선생님이었던 것이다.

한 선생님이 나타나자 하늘이는 마치 구원자를 만났다는 듯이 두 눈을 반짝였다.

"선생님, 얘가요……."

"그래, 우리 하늘이…… 이번엔 또 왜 싸웠을까?"

하늘이는 마치 천군만마를 얻은 듯 한 선생님을 보자마자 자신이 싸우게 된 이유를 조목조목 해명했지만…… 언제나 싸움의 원인은 하늘이에게 있었다. 그래도 한 선생님은 먼저 하늘이의 편을 들어 주었다.

"그랬구나, 하늘아! 근데 내년이면 하늘이도 학교에 가잖니? 그러니까 이젠 좀 어른스러워질 필요가 있지 않을까? 매일 싸움만 하는 남자 친구를 좋아할 여자 친구는 없을 거야. 그렇지?"

"하지만 자식들이 항상 날 약 올린단 말이에요."

"그래도 우리 조금만 참는 습관을 길러 보자."

한 선생님이 이렇게 말하면 아이들은 어느덧 한 선생님의 말에 고개를 끄덕이곤 했다. 그런 한 선생님도 실은 남들 앞에서 아이들의 기를 죽이고 싶지 않아 괜히 더 터프한 척하는 면이 없지 않았다. 물론 아이들은 그런 한 선생님의 모습에 매우 든든해했다.

꽃밭 유치원의 막내 선생님은 최 선생님이었다. 최 선생님은 감수성이 풍부하고 천상 여자여서 아이들을 섬세하게 잘 보살펴 줬다. 특히 아이들이 아프면 눈물을 흘릴 정도로 마음이 따뜻한 사람

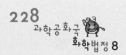

이기도 했다.

"선생님, 지형이가 아픈가 봐요. 열이 펄펄 끓어요."

"뭐라고? 갑자기 왜 아프지? 어서 가 보자."

지형이의 이마를 짚어 본 최 선생님은 아이의 이마가 펄펄 끓자 마음이 다급해져 지형이를 업고 병원으로 뛰었다.

"지형아, 선생님이 지금 병원으로 가고 있으니까 너무 걱정하지 마. 괜찮을 거야."

병원에 도착한 최 선생님은 지형이가 진찰을 받는 동안 혹여 큰 병은 아닐까 마음이 조마조마했다. 의사 선생님은 다행이 지형이에게 큰 이상은 없고 감기가 조금 심해진 것이라고 진단했다. 의사 선생님의 말씀을 듣자 최 선생님은 그제야 졸였던 마음이 놓이는 듯 닭똥 같은 눈물을 뚝뚝 흘렸다.

이처럼 아이들에 관한 일이라면 물불 가리지 않고 정성을 다하는 선생님들 덕에 꽃밭 유치원은 인근 유치원 중에서도 원생이 월등히 많았다. 선생님들은 말썽꾸러기들 때문에 하루하루가 바쁘고 고단했지만, 그래도 점점 어른스러워져 가는 아이들의 모습에 언제 그랬냐는 듯 피곤이 싹 가시곤 했다.

"최 선생님, 지형이는 좀 어때요?"

"열도 많이 내렸고 이제는 괜찮아요, 처음에는 정말 큰일이 난 줄 알고 얼마나 놀랐다고요."

"최 선생님 또 지형이 걱정돼서 눈물 쏙 빼셨겠네요."

"한 선생님, 저를 너무 많이 아세요. 호호!"

유치원에서 함께 동료로서 근무한 기간이 꽤 되다 보니 이제는 선생님들끼리 서로를 잘 알고 정도 깊어져만 갔다.

"요즘 하늘이는 좀 잠잠한가요? 녀석이 참 괜찮은 놈인데…… 제 성질에 못 이겨서…… 성질만 좀 죽이면 얼마나 좋아요."

"그러게 말이에요. 근데 요즘은 제 말이 좀 먹히는지 잠잠한 편이에요. 학교에 들어가면 좀 더 의젓해지겠지요."

선생님들의 대화 주제는 거의 아이들에 관한 것이었다. 그런데 요즘 선생님들의 가장 큰 골칫거리는 매직을 이용한 아이들의 낙서였다. 아이들이 여기저기 낙서를 하는 탓에 선생님들은 하루도 빠짐없이 낙서 지우기에 열을 올려야 했다.

"선생님, 이 낙서들을 지우는 게 여간 힘든 게 아니네요."

"온종일 아이들한테 시달려서 기진맥진한데…… 잘 지워지지도 않는 매직으로 낙서한 것까지 지우려니 몸이 많이 피곤하네요. 후훗!"

"아이들이 좋아서 시작한 일이니 그나마 이런 일을 하죠. 아이들을 사랑하는 마음이 없었다면 아마 견디기 힘들었을 거예요."

수업이 끝나고 아이들이 모두 돌아간 뒤에 선생님들은 난장판이 된 유치원을 정리하느라 늘 바빴다. 아이들이 어질러 놓은 장난감과 식기 정리는 물론이거니와 하루가 멀다 하고 매직으로 사방에 낙서를 하는 통에 낙서를 지우는 데만 꽤 많은 시간이 걸렸다.

"그런데 선생님, 딴 건 다 괜찮은데 이 크레파스 지우기는 너무 힘들어요. 잘 지워지지도 않고요."

"그렇죠, 선생님? 매직도 여간해서는 정말 지워지지가 않더라고요."

"뭐 좋은 수가 없을까요?"

선생님들은 매직을 이용한 아이들의 낙서를 쉽게 지울 수 있는 해결책을 찾아보기로 했고…… 퇴근하는 것도 잊은 채 인터넷을 검색하기 시작했다. 먼저 선생님들은 지식an을 검색해 보았지만 지식an에는 이 문제에 대한 뾰족한 답이 나와 있지 않았다. 또다시 선생님들은 눈에 불을 켜고 다른 웹 사이트를 뒤지기 시작했고 한참을 검색한 끝에 한 광고 문구가 눈에 들어왔다.

매직 낙서 완벽하게 지우자!

이 제품 하나면 낙서 걱정은 여기서 끝!

선생님들은 당장에 그 광고를 클릭해 회사의 홈페이지로 들어갔다.

"선생님, 때마침 정말 잘되었네요. 매직 낙서 때문에 그동안 그렇게 고생을 했는데, 저 제품으로 이제 다 해결되겠어요."

"왜 진작 매직을 쉽게 지울 수 있는 제품을 찾을 생각을 못했을까요? 이제라도 이런 제품을 알게 돼서 정말 다행이에요."

선생님들은 매직 클리너 회사의 홈페이지에서 제품에 대한 설명을 꼼꼼히 읽어 본 뒤 기대에 가득 차 당장 그 제품을 구입했다.

"이제야말로 매직 낙서의 악몽에서 벗어날 수 있을 거예요, 선생님들!"

"낙서만 해결되어도 한시름 놓는다니까요."

하지만 매직 클리너라며 배달된 포장 상자를 열자 오렌지 껍질만 덩그러니 들어 있는 게 아닌가! 선생님들은 매직 클리너 회사에서 소비자들을 우롱해 불량품을 판매하고 있다며 당장 그 회사를 화학법정에 고소했다.

오렌지, 레몬, 귤 등의 껍질 속에는 테르펜이라는
성분이 들어 있어 껍질을 짓누르면 튀어나오는 액체가
매직으로 인한 얼룩과 결합하여 매직 자국을 없애 줍니다.

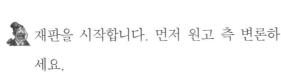

매직으로 낙서한 자국을 오렌지 껍질로
지울 수 있을까요?
화학법정에서 알아봅시다.

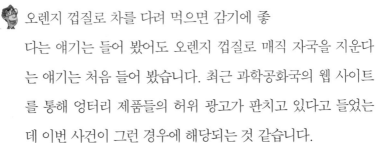

재판을 시작합니다. 먼저 원고 측 변론하
세요.

오렌지 껍질로 차를 다려 먹으면 감기에 좋
다는 애기는 들어 봤어도 오렌지 껍질로 매직 자국을 지운다
는 애기는 처음 들어 봤습니다. 최근 과학공화국의 웹 사이트
를 통해 엉터리 제품들의 허위 광고가 판치고 있다고 들었는
데 이번 사건이 그런 경우에 해당되는 것 같습니다.

피고 측 변론하세요.

매직 클리너 연구로 세계적인 주목을 받고 있는 지우리 박사
를 증인으로 요청합니다.

증인 요청을 인정합니다.

검은색 바바리코트를 걸쳐 입은 다소 왜소한 체구의 남자
가 증인석으로 들어왔다.

 증인이 하는 일은 뭐죠?

 매직 자국을 어떻게 하면 잘 지울 수 있는지에 관해 연구하고

있습니다.

 정말 오렌지 껍질로 매직 자국을 지울 수 있나요?

 그렇습니다. 오렌지 껍질로 매직 얼룩이 진 곳을 부드럽게 문지르면 언제 그랬냐는 듯이 지워집니다.

 참으로 신기하군요. 그 이유는 뭐죠?

 오렌지, 레몬, 귤 등의 껍질 속에는 테르펜이라는 지방 성분이 들어 있습니다. 오렌지 껍질을 짓누르면 튀어나오는 액체에는 이 성분이 함유되어 있지요. 바로 이 물질이 매직으로 인한 얼룩과 결합하여 매직 자국을 없애 줍니다.

 매직 클리너의 원리는 무척 간단하군요. 우리 집 아이도 여기저기에 매직으로 얼마나 많이 낙서를 하는지 몰라요. 앞으로는 오렌지 껍질을 아무 생각 없이 버리지 말고 매직 자국을 지우는 데 사용해야겠네요. 판사님, 판결 부탁합니다.

 귤이나 오렌지 껍질로 매직의 얼룩을 지울 수 있다는 사실은 오늘 처음 알았습니다. 역시 화학을 열심히 공부하면 우리 생활에도 요긴하게 쓰인다니까요. 오렌지 껍질로 매직 자국을 지울 수 있다는 사실이 입증되었으므로 피고는 허위 광고를

 테레빈유

송진을 수증기로 증류해 얻는 송유로 때를 지울 때나 페인트, 구두약 따위를 만드는 데 쓰인다.

하거나 불량품을 판매한 게 아닌 정상적인 상거래를 한 것으로 판결합니다.

재판이 끝난 후 재판 내용이 화학법정일보를 통해 알려졌고 아이들의 낙서 때문에 고생하던 많은 주부들이 이 방법으로 매직 자국을 깨끗이 지울 수 있었다.

단단히 굳은 페인트

굳어 있는 페인트를 버려야 할까요?

다칠해는 이름에서도 나타나듯 어렸을 적부터 남다
른 미적 감각이 있었다. 다칠해가 다섯 살이 되던
해에 남의 집 담벼락에 크레용으로 그림을 잔뜩 그
려 놓았던 적이 있다. 담벼락 주인이 자신의 담벼락에 낙서하는 다
칠해를 보고 막 화를 내려는 순간, 주인은 다칠해의 그림 실력에 감
탄해 간단하게 타이르고 집으로 돌려보냈다. 다칠해가 열 살이 되
던 해에는 교내 · 외의 미술 대회에서 주는 상이란 상은 다 휩쓸 정
도로 미적 감각이 뛰어난 아이였다.

"칠해야, 넌 어디서 그런 걸 배웠어? 나도 좀 가르쳐 줘. 너의 그

림 솜씨를 나도 좀 배우고 싶어. 제발…… 플리즈……."

"친구야, 그림이란 마치 삶과도 같은 거야. 때로는 우아하게, 때로는 행복하게, 때로는 판타스틱하게 그려야 작품이 탄생한다, 이말이야."

"그게 무슨 말이야? 판타스틱?"

"그런 게 있어, 친구야. 너도 담벼락 앞에 가서 연습 좀 하고 오면 알 거야. 후후!"

칠해는 미술과 관련해서는 이미 초등학생 수준이 아니었다.

그러던 어느 날 고등학생들을 대상으로 하는 10m 벽화 그리기 대회가 열렸다. 다칠해는 한 치의 망설임도 없이 벽화 그리기 대회에 참가 신청서를 냈다. 이 대회는 전국적으로 미술 분야에서 내로라하는 수백 명의 고등학생들이 참가하는 권위 있는 미술 대회였다.

"이제부터 고등학생부 10m 벽화 그리기 대회를 시작하겠습니다. 참가자 여러분들은 최고의 실력을 마음껏 펼쳐 주시기 바랍니다."

경쾌한 음악과 함께 화려한 폭죽들이 하늘에 꽃을 그리며 벽화 그리기 대회가 시작됐다.

"아~ 떨린다, 떨려…… 훅훅!"

칠해 역시 마음의 긴장과 몸의 근육을 풀며 만반의 준비를 하였다.

"자, 시간은 정확히 30분을 드립니다. 그럼 행운을 빕니다. 시작!"

시작 소리와 함께 칠해를 비롯한 수백 명의 학생들이 정신없이

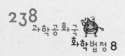

그림을 그리기 시작했다. 10m의 벽을 그림으로 채우기란 여간 힘든 일이 아니었지만 모두들 최선을 다해 벽화를 그려 나갔다.

쉭쉭쉭, 쓱싹쓱싹……

칠해는 제한된 시간 안에 10m 벽화를 완벽하게 완성했다. 하지만 나머지 참가자들은 대부분 벽화를 완성하지 못했다.

"아유, 팔이야! 10m 벽화 그리기 대회는 도대체 누가 만든 거야? 페인트에 빠져서 수영할 뻔했네."

"무슨 이런 대회가 다 있어? 쳇! 완성한 사람이 과연 있기나 할까?"

"그럼, 대회 결과를 발표하겠습니다. 아쉽게도 벽화를 완성한 사람이 단 한 명밖에 없군요. 상당히 아쉽습니다. 제가 참가했으면 그 자리에서 샥샥샥 10분이면 다 완성했을 텐데 말이지요."

그 순간 다칠해를 제외한 모든 참가자들이 사회자를 따가운 시선으로 노려보았다.

"하하하! 농담입니다, 농담. 이번 대회의 참가자 분들은 굉장히 까칠하시네요. 그건 그렇고 다칠해 학생, 정말 대단합니다. 10m 벽화를 완성시킨 다칠해 학생의 벽화 설명을 한번 들어 볼까요?"

"안녕하세요? 저는 다칠해라고 합니다. 저는 어렸을 적부터 담벼락에 그림 그리는 것을 너무 좋아해서 늘 남의 집 담벼락에 남몰래 그림을 그리며 어린 시절을 보냈습니다. 그때의 습작 덕에 이번에 10m 벽화를 완성시킬 수 있었던 것 같습니다. 특별히 무언가를 의도하지는 않았습니다. 다만 저의 느낌을 살려 그렸더니 작품이 나왔네요. 후후!"

"아, 네…… 다칠해 학생 소감이 상당히 시건방지군요. 본인이 무슨 고흐라도 되는 양 착각하는 것 같은데요, 제가 보기엔 페인트를 그냥 갖다 쏟아 부은 것 같습니다. 다칠해 학생이 완성시킨 벽화의 의미를 설명하지 못하면 탈락시킬 수밖에 없습니다."

"후훗, 그럼 설명해 드리죠. 이 벽화로 말씀드릴 것 같으면 날아가는 독수리를 상징하는 것입니다. 붓을 잡는 순간의 제 손놀림이 저도 모르게 독수리를 그리고 있더군요. 하하하!"

"아…… 그렇군요. 그럼 상품으로 페인트 50통을 드리겠습니다. 이 페인트로 말씀드리자면 우리 아트공화국의 최고급 페인트입니다. 다칠해 학생, 축하 드립니다."

칠해는 페인트를 챙겨 집으로 돌아왔다.

'이렇게 많은 페인트를 대체 어디에 다 쓰지? 옳지! 집을 꾸며 봐야겠다.'

칠해는 페인트로 실내 벽에 쓱쓱 그림을 그리기 시작했고 벽화를 완성한 뒤 자신의 벽화가 만족스러운 듯 회심의 미소를 지었다.

한편 저녁 무렵이 되어 일을 끝마치고 집으로 돌아온 칠해의 부모님은 칠해가 그려 놓은 벽화를 보고 소스라치게 놀랐다.

"칠해야, 이게 다 뭐야? 대체 벽이 왜 이 모양이냐고? 여보! 칠해 좀 어떻게 해 봐!"

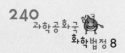

"그냥 뭐. 집안 분위기도 산뜻해지고 좋구먼, 뭘. 그런데 저 페인트들은 다 어디에서 사 왔담? 하하하! 날 닮아서 능력도 좋단 말이야. 후훗!"

"거 참! 기가 차서…… 아이고, 우리 집은 또 미술관이 되겠네. 살살해라, 칠해야!"

"엄마, 조금만 기다려 봐요. 제가 아주 멋진 집으로 꾸며 놓을 테니…… 으하하!"

그러더니 칠해는 정말 10분 만에 사방을 페인트로 칠해 버렸고, 이렇게 특이한 칠해네 집이 동네방네 소문이 나면서 칠해네 집을 구경하러 오는 사람들의 발길이 끊이지 않았다.

"이야…… 칠해네는 좋겠다. 너무 예쁜걸! 칠해는 어쩜 이렇게 실력이 좋지? 칠해야, 우리 집 벽에도 좀 그려 줘. 우리 동네를 아예 관광 도시로 만들어 버리자."

"하하하! 저는 저희 집 벽 외에는 그림을 그리지 않습니다. 페인트 값을 지불해 준다면 또 모를까…… 히히!"

이렇게 해서 칠해네 벽화는 아트공화국 곳곳에서 유명세를 탔고 칠해에게 페인트로 벽화를 그려 달라는 전화가 밤낮없이 걸려왔다.

그러던 어느 날, 이 소식을 들은 왕놀부가 칠해를 찾아왔다.

"혹시 학생이 페인트 벽화로 유명한 그 다칠해인가?"

"네, 그런데 무슨 일이시죠?"

"자네에게 페인트 벽화를 그려 달라는 부탁이 끊이지 않는다고 들었네. 후훗! 내가 자네 페인트를 한 통만 살 수 없을까?"

"네? 페인트를요?"

"그래, 페인트 말일세."

"그러세요, 그럼. 자 여기요. 이건 아트공화국에서 최고급의 페인트인 만큼 가격대가 조금 셉니다."

"가격은 상관없네. 얼른 주기나 하게나."

놀부는 칠해의 마음이 행여 바뀔까 얼른 페인트 한 통을 들고 내달았다.

'후훗. 드디어 다칠해의 페인트를 내 손 안에 넣었군. 이 페인트로 벽화를 그리면 나도 칠해만큼 잘 그릴 수 있겠지? 이제 부자가 되는 건 시간 문제라고!'

드디어 집에 도착한 왕놀부는 연습이나 해 보자는 심산으로 페인트 뚜껑을 열었다. 그런데 웬일로 페인트가 딱딱하게 굳어 있는 게 아닌가!

"뭐야? 페인트가 좀 흐르는 맛이 있어야 되는 거 아니야? 이거, 이거 최고급이라더니 순 불량품을 나한테 떠넘긴 거잖아. 다칠해! 넌 이제 끝장이다! 당장 고소해 버리겠어. 후훗!"

오랫동안 외부의 힘을 받지 않은 페인트는 마치 굳어 있는 듯
유동성이 거의 없지만 페인트 붓으로 한두 번 휘저으면
굳어 있던 페인트에 유동성이 생겨 다시 묽어집니다.

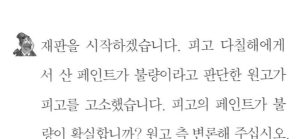

페인트가 흐르지 않고 딱딱하게 굳어 있는
이유는 무엇일까요?
화학법정에서 알아봅시다.

재판을 시작하겠습니다. 피고 다칠해에게
서 산 페인트가 불량이라고 판단한 원고가
피고를 고소했습니다. 피고의 페인트가 불
량이 확실합니까? 원고 측 변론해 주십시오.

원고는 페인트로 벽화를 잘 그린다고 전국적으로 소문난 피
고를 찾아가 피고가 사용하는 최고급의 페인트를 샀습니다.
그런데 고액의 돈을 지불하고 산 페인트를 열어 본 순간 원고
는 깜짝 놀랄 수밖에 없었습니다. 페인트가 딱딱하게 굳어 있
었기 때문입니다. 피고는 불량 페인트를 원고에게 최고급 페
인트라고 속여서 판매한 것이 틀림없습니다. 사람들을 속여
높은 이윤을 취하려고 한 피고에 대한 처벌을 요구합니다.

원고 측의 변론만으로는 피고에게 처벌을 내릴 만한 타당한
이유가 되지 않는 것 같습니다. 피고가 원고에게 판 페인트가
불량품이 확실한지 한번 알아봐야겠습니다. 피고 측은 피고의
페인트가 불량인 것을 인정합니까?

피고는 원고에게 불량 페인트를 팔지 않았습니다. 페인트로
벽화를 그려 유명해진 피고가 작은 이윤을 취하기 위해 불량

페인트를 판매한다는 것은 있을 수 없는 일입니다.

원고는 피고에게서 산 페인트가 굳어 있어서 페인트칠을 할 수 없을 정도라고 했습니다. 그럼 대체 페인트가 딱딱하게 굳어 있었던 이유가 뭡니까?

페인트가 딱딱하게 굳는 것은 페인트에서 흔히 나타나는 현상으로 불량품이 아닙니다. 이제는 페인트 전문가가 다 된 피고를 증인으로 요청합니다.

증인 요청을 인정합니다.

자신의 페인트가 절대 불량이 아니라고 확신하는 듯 피고의 눈빛은 강렬했고, 어깨에 힘을 주어 당당하게 증인석에 앉았다.

증인은 원고에게 페인트를 판매한 사실을 인정합니까?

인정합니다. 원고는 제게서 최고급 페인트를 사 갔습니다.

원고가 증인에게서 산 페인트가 굳어 있었다고 하는데 이것이 불량이란 증거가 됩니까?

그렇지 않습니다. 페인트가 굳는 현상은 '틱소트로피 현상'이라고 하는 페인트에서 흔히 나타나는 현상입니다.

틱소트로피 현상이란 어떤 현상을 말합니까?

물질이 움직일 때는 유동성이 활발하여 잘 움직이지만 가만히 정지한 상태가 오랫동안 지속되면 유동성을 잃어 굳는 현상을 말합니다. 이런 현상이 유독 잘 일어나는 물질들이 있는데 대표적인 물질이 바로 페인트와 케첩입니다. 오랫동안 창고에 보관해 두었던 페인트 뚜껑을 열면 정지한 상태가 유지되어 마치 굳어 있는 듯 유동성이 거의 없습니다. 하지만 페인트 붓으로 한번 휘저어 주면 굳어 있던 페인트가 다시 자연스럽게 움직이는 유동성이 생깁니다. 즉 외부에서 힘을 가해 주면 다시 유동성이 생기는 것이지요.

딱딱하게 굳어 있던 페인트가 붓으로 휘저어 주면 다시 유동성이 생기는 이유는 뭔가요?

페인트는 물과 친한 페인트를 이루는 분자들이 물과 결합을 이루고 있는 상태인데 외부에서 힘이 가해지면 물과 결합이 약해지면서 유동성이 생기게 됩니다.

원고가 피고에게서 산 페인트는 한동안 정지 상태로 있어서 유동성이 거의 없는 상태의 페인트였군요.

그렇습니다. 페인트를 한두 번 휘저어 주면 유동성이 다시 생겨 흘러내릴 정도가 되어 페인트칠을 수월하게 할 수 있습니다. 원고가 사 간 페인트는 절대 불량품이 아닙니다.

페인트에 대해 잘 알지 못한 원고의 실수이긴 하지만 고소하기 전에 페인트에 대해 좀 더 알아봤더라면 좋았겠군요. 피고에게서 사 간 페인트는 불량품이 아니며 아트공화국에서 최고

급 페인트인 만큼 훌륭한 벽화를 그릴 수 있을 것입니다. 그러
니 원고의 주장을 기각해 주십시오.

원고는 성급한 판단으로 잠시나마 피고를 곤란하게 만들었으
니 피고에게 사과하는 것이 좋겠군요. 이상으로 재판을 마치
겠습니다.

재판이 끝난 후, 왕놀부는 다칠해에게 자신의 잘못에 대해 사과
했다. 그리고 다칠해에게서 산 페인트로 자신의 집에 벽화를 그려
봤지만 영 시원치 않자 다칠해에게 다시 예쁘게 벽화를 그려 달라
고 부탁했다. 비록 다칠해에게 비싼 벽화 값을 치르기는 했지만 다
칠해가 그려 준 벽화가 너무 마음에 들었던 왕놀부는 그제야 기분
이 좋아졌다.

 페인트와 납

페인트 속에는 납 성분이 포함되어 있어 페인트로 칠한 장난감을 아이들이 입으로 빨면 납 중독을
일으킬 수 있는 위험이 있다. 이러한 이유로 요즘은 페인트에 들어가는 납 성분을 줄이는 방법이 연
구되고 있다.

풍선 불기가 너무 힘들어요

화학적인 원리를 활용해 힘들이지 않고
풍선을 불 수 있는 방법에는 어떤 것들이 있을까요?

안녕하세요, 저희 '무조건 불어 풍선 이벤트사'에서는 풍
선을 불 직원을 모집합니다. 평소 폐활량에 자신 있으신
분들은 망설이지 말고 무조건 지원하세요. 지원자들은 이
번 주 토요일 3시에 김짠내 사장님과 간단한 테스트 면접을 보게 됩니다. 저
희 무조건 불어 풍선 이벤트사에서 폐활량이 넘치는 여러분을 기다립니다.

서른 살의 배뚱뚱 씨는 인터넷을 하는 도중 '일 시켜줘' 사이트
에서 무조건 불어 풍선 이벤트사의 구인 광고를 보게 되었다.

'어라? 폐활량에 자신 있는 분들? 하하하! 이거 완전 내 얘기인

데? 잘됐다, 안 그래도 요즘 할 일이 없어서 하루 종일 온라인 게임만 했는데…… 잘됐어! 온종일 집 안에 틀어박혀서 게임만 하니 가족들한테 눈칫밥만 먹고…… 이젠 나도 지겹다, 지겨워. 풍선 부는 거야 얼마든지 자신 있지. 이참에 돈이나 좀 벌어서 게임 아이템이나 사야지. 히히히!'

면접 날 아침, 배뚱뚱 씨는 면접을 보기 위해 헐레벌떡 회사로 뛰어갔다.

'아이고, 하마터면 면접에 늦을 뻔했네. 근데 저 책상 위에 빨간 세숫대야들은 뭐지?'

"네, 안녕하세요? 저는 무조건 불어 풍선 이벤트사의 김짠내 사장입니다. 먼저 여러분들의 용기와 도전에 힘찬 박수를 보냅니다. 우리 회사는 많은 이벤트 행사로 늘 바쁘답니다. 회사가 바쁘다는 건 그만큼 돈을 잘 벌어들이고 있다는 뜻이기도 하지요. 에헴, 아무튼 우리 회사는 각종 이벤트 행사에서 사용할 풍선을 불 직원을 구하고 있습니다. 그래서 간단한 테스트를 준비했습니다. 여기 세숫대야가 있습니다. 여러분들께서는 물이 한가득 든 세숫대야에 얼굴을 담그시고 오랫동안 숨을 참아야 합니다. 가장 오랫동안 버티시는 분을 우리 회사에 채용하도록 하겠습니다. 그럼 모두들 세숫대야 앞으로 서 주세요."

'숨 오래 참기라…… 나야 물론 자신 있지! '물 찬 제비 해병대' 출신 이 배뚱뚱이가 반드시 승리해서 꼭 입사한다!'

배뚱뚱 씨는 여유 있는 미소를 지어 보이며 세숫대야 앞에 섰다.

"자 그럼, 시작하겠습니다. 준비해 주세요. 숨 들이마시고……
하나, 둘, 셋, 땡!"

땡 하는 경기 시작 소리와 함께 배뚱뚱 씨는 세숫대야에 얼굴을
첨벙 담갔다.

"아, 아니 이럴 수가…… 참가 번호 5번 나대두 님은 머리가 너
무 커서 세숫대야에 얼굴이 들어가지 않는군요. 아, 아쉽지만 탈락
입니다. 세상에 이런 일도 있군요……."

그렇게 경기가 시작된 지 1분이 흐르고 2분이 흘러 숨을 참지 못
한 지원자들이 속속히 세숫대야 밖으로 고개를 들기 시작했다.

"아, 네! 이제 두 명만이 남겨졌군요. 남은 분은 참가 번호 12번
배뚱뚱 씨와 14번 안복어 씨입니다. 지금 세숫대야에 얼굴을 담근
지 막 6분이 지났습니다. 이거 두 분 다 정말 대단하신데요?"

배뚱뚱 씨는 이제 점점 숨을 참는 게 힘들어졌다.

'아이고, 힘들어. 저놈도 정말 대단하군. 천하의 나도 이렇게 힘
들어지는데…… 이제까지 잠수 시합에서 내 상대가 될 만한 놈은
어디에도 없다고 생각했는데…… 좋아, 누가 이기나 한번 해보자.
참아야지…… 참아야지…… 반드시 해낼 테다.'

시합 시작 후 8분이 경과할 무렵 드디어 두 사람 중 한 명이 세숫
대야 밖으로 고개를 들었다.

"푸하, 도저히 못 참겠어!"

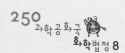

그 사람은 다름 아닌 바로 배뚱뚱 씨였다. 배뚱뚱 씨는 숨을 헐떡이며 말했다.

"아이고…… 내가 졌네, 졌어. 살다 살다 이런 강적은 내 평생 처음이야. 아이고!"

"네, 드디어 1등이 가려졌습니다. 1등은 바로 참가 번호 14번 안복어 씨입니다. 안복어 씨, 이제 세숫대야에서 얼굴을 빼고 고개를 들어 주셔도 괜찮습니다. 안복어 씨, 축하 드립니다. 안복어 씨? 안복어 씨?"

김짠내 사장은 안복어 씨의 등을 톡 치며 이제 그만 고개를 들라고 말하였다. 그러나 안복어 씨는 미동도 하지 않은 채 여전히 얼굴을 세숫대야에 담그고 있었다.

"아니, 안복어 씨, 1등하셨다니까요. 이기셨다고요. 그러니 이제 그만하셔도 됩니다. 우리 안복어 씨께서 물을 너무 좋아하나 봅니다."

김짠내 사장은 또다시 안복어 씨의 등을 두드리며 이제 끝났으니 그만 고개를 들라고 하였다. 그러나 여전히 안복어 씨는 아무런 기척도 없었다.

"아니, 무슨 일 있는 거 아니야? 왜 아무 기척도 없지?"

김짠내 사장은 세숫대야에서 안복어 씨의 얼굴을 들어 올렸다. 그런데…….

"세상에! 119 불러, 119! 안복어 씨가 세숫대야에 얼굴을 담그고 기절했나 봐. 이를 어째? 세숫대야에 있는 물을 다 먹어 버렸네. 얼른 119 불러요."

삐용삐용~.

"자, 그럼 1등을 다시 발표하도록 하겠습니다. 1등은 숨 참기의 최고 달인인 배뚱뚱 씨입니다. 배뚱뚱 씨는 너무나 대단한 폐활량 덕에 상대 안복어 씨를 기절까지 시켰습니다. 배뚱뚱 씨는 다음 주 월요일부터 우리 회사로 출근해 주시기 바랍니다."

그렇게 월요일 아침이 되어 배뚱뚱 씨는 무조건 불어 풍선 이벤트사로 출근했다.

"아이고, 우리 대단한 배뚱뚱 씨 왔군요. 그때 테스트는 굿이었어요. 굿굿굿! 오늘 배뚱뚱 씨가 할 일은 저기 있는 풍선들을 오늘 오후 6시까지 다 부는 거예요. 잘 부탁 드립니다. 에헴!"

사장이 가리킨 곳에는 어마어마한 양의 풍선이 놓여 있었다.

'이거, 이거…… 너무 많은 거 아니야? 그래도 뭐, 열심히 불면 어떻게든 되겠지.'

배뚱뚱 씨는 손에서 가장 가까이 있는 풍선부터 집어 들고 불기 시작했다. 숨이 가쁠 정도로 쉬지 않고 풍선을 분 덕에 제법 많은 양의 풍선들이 방 안을 가득 메웠다. 하지만…….

'아이고, 해도 해도 끝이 없네. 이거 풍선 양이 너무 많은 거 아니야? 어디 이래 가지고 이걸 오늘 안에 나 혼자서 다 불겠어? 어째 천장이 점점 노란색으로 변하는 것 같지?'

그렇게 배뚱뚱 씨는 풍선을 불고 또 불었다. 그러나 곧 배뚱뚱 씨의 풍선 부는 속력은 점점 떨어지기 시작했고…… 그는 어느덧 너무 지쳐 있었다.

　'아직도 저렇게 산더미만큼 남았는데 언제 저걸 다 부나? 이건 아무리 폐활량이 좋은 나로서도 혼자서는 할 수 없는 일이야. 어쩌나…… 힘들어서 죽겠다, 죽겠어. 그래도 내게 맡겨진 일이니 하기는 해야 되는데…… 아, 사장님한테 펌프를 사 달라고 해야겠다. 그래, 펌프로 풍선에 바람을 넣으면 한결 수월하지 않겠어? 이러다간 내가 죽지, 죽어.'

　배뚱뚱 씨는 고민 끝에 김짠내 사장에게 펌프를 사 달라고 말하기로 결심했다.

　"저기…… 김짠내 사장님, 저 많은 양의 풍선을 보세요. 이건 저혼자서는 도저히 불 수 있는 양이 아니에요. 지금 풍선을 너무 많이 불어서 요렇게 입술이 다 부르튼 것 좀 보세요. 정말 힘들어 죽겠습니다. 그래서 말인데요, 저…… 펌프 하나만 사 주십시오. 펌프만 하나 사 주시면 제가 풍선으로 이 회사를 가득 채워 놓겠습니다."

　"뭐, 뭐시라고? 펌프라고? 히야…… 이것 봐요, 배뚱뚱 씨! 당신이 풍선 부는 거 하나는 끝내 주게 자신 있다고 하지 않았소? 이제 와서 힘들다니, 입술이 부르텄다느니…… 웃기지 말아요. 당신 돈으로 사려면 사고, 그렇게 못한대도 나는 절대로 못 사 줘! 얼른 풍선이나 불어요!"

배뚱뚱 씨는 힘들고 억울했지만 다시 풍선 더미가 있는 곳으로 가서 풍선을 불기 시작했다. 그렇게 시간이 흘러 어느덧 오후 6시가 되었다.

"어디 배뚱뚱 씨, 얼마만큼 불었는지 한번 볼까? 아니, 세상에! 배뚱뚱 씨, 여기 있는 풍선을 모조리 다 불어 놓으라고 했는데 아직도 저쪽 더미랑 요기 이쪽 더미는 못 불었군요. 도대체 뭘 한 겁니까?"

"아니, 사장님…… 그러게 제가 혼자서는 힘들다고 하지 않았습니까? 풍선의 양이 너무 많아서 혼자서는 정말 힘듭니다."

"뭐야? 힘들다면 다야? 사람이 약속을 했으면 지켜야지! 그럼 처음부터 왜 다 할 수 있다고 말했어? 배뚱뚱 씨, 당신 해고야! 그리고 오늘 일당은 단 한 푼도 줄 수 없어!"

"뭐라고? 이 짠내 사장 같으니라고! 온종일 송애교 입술이 되도록 풍선을 불었건만…… 해고에 일당도 주지 않겠다고? 이 짠내 사장! 당신을 화학법정에 고소하겠어!"

직접 입으로 풍선을 불지 않고
발효의 원리나 가열을 통해 기체를 발생시켜
풍선을 부풀릴 수 있는 방법도 있습니다.

풍선을 쉽게 불 수 있는 방법이 있을까요?
화학법정에서 알아봅시다.

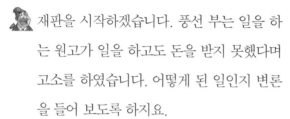

재판을 시작하겠습니다. 풍선 부는 일을 하는 원고가 일을 하고도 돈을 받지 못했다며 고소를 하였습니다. 어떻게 된 일인지 변론을 들어 보도록 하지요.

원고는 폐활량 대회에서 1등을 해 피고의 회사에서 풍선 부는 사람으로 고용되었습니다. 온종일 풍선만 불어 대는 일은 결코 쉬운 일이 아니었습니다. 혼자 다 불기에는 풍선의 양이 너무 많고 힘들어 피고에게 풍선에 바람을 넣을 수 있는 펌프를 사 달라고 요구했고요. 하지만 피고는 절대 펌프를 사 줄 수 없다며 원고의 요구를 거절했고, 결국 원고는 하루치 풍선의 양을 다 불지 못했습니다. 하지만 원고는 자신이 불 수 있는 만큼 최선을 다해 풍선을 불었습니다. 비록 목표를 달성하지는 못했지만 일한 만큼의 대가는 충분히 받을 권리가 있습니다. 원고에게 일당을 줄 수 없다는 피고의 주장을 받아들일 수 없습니다.

풍선 부는 일이 힘든 일이군요. 그런데 피고는 왜 원고에게 일한 만큼의 일당을 줄 수 없다는 겁니까?

원고는 하루 동안 불기로 약속한 만큼의 풍선을 불지 못했습니다. 원고가 풍선을 다 불지 못한 것은 풍선의 양이 너무 많았기 때문이라고 합니다. 하지만 굳이 많은 힘을 들이지 않고도 약속한 만큼의 풍선을 불 수 있는 방법이 있습니다. 여러 방법을 강구해 보지도 않고 김짠내 사장이 펌프를 사 주지 않아서 약속한 분량을 채우지 못했다고 주장하는 것은 옳지 않습니다.

많은 힘을 들이지 않고 풍선을 부는 방법이 있다고요? 도대체 힘들이지 않고 풍선을 부는 방법이 뭡니까?

입으로 풍선을 부는 데는 한계가 있습니다. 풍선을 부는 다른 방법에 대해 알아보도록 하지요. 풍선 불기 대회를 주최하는 강푸짐 이사님을 증인으로 요청합니다.

증인 요청을 받아들이겠습니다.

딴딴하게 불린 풍선을 온몸에 주렁주렁 매단 50대 중반의 남성이 뒤뚱뒤뚱 걸어와 증인석에 앉았다.

증인은 풍선 불기 대회를 오랫동안 주관해 온 것으로 압니다. 대회에서 풍선을 부는 방법에 제한을 둡니까?

저희가 주최하는 풍선 불기 대회에서는 풍선을 부는 방법에 제한을 두고 있지 않습니다. 그래서 풍선 불기 대회에서는 방귀로 풍선을 부는 사람, 하품으로 풍선을 부는 사람, 풍선 입구를 벌리고 달리면서 공기를 채우는 사람 등 매우 재미난 광경을 볼 수 있지요.

 풍선 불기 대회에서 많은 참가자들이 풍선을 부는 모습을 지켜보면서 많은 힘을 들이지 않고도 풍선을 불 수 있는 방법을 찾으셨습니까?

 물론입니다. 저마다 가지각색의 방법으로 풍선을 부는 사람들을 살펴보자니 효과적인 방법이 많이 눈에 띄었습니다. 그중에서도 크게 두 가지를 추천해 드릴까 합니다. 직접 입으로 풍선을 불면 힘도 많이 들고 속도도 느리지만 제가 추천하는 첫 번째 방법, 즉 발효의 원리를 이용하면 효과적으로 풍선을 불 수 있습니다.

 발효를 이용한다고요? 하하, 참 재미있군요. 발효를 이용해 풍선을 부는 방법은 어떤 건가요?

 먼저 병을 하나 준비합니다. 그리고 병 안에 설탕 반 컵과 이스트를 넣고 물을 3/4 정도 채웁니다. 그러면 발효가 시작됩니다. 다음으로 병 주둥이 위에 풍선을 끼우면 풍선이 저절로 부풀어 오르는 것을 볼 수 있습니다. 이것은 발효에 의한 현상입니다.

 설탕과 이스트가 서로 반응하는 건가요?

 그렇습니다. 설탕은 포도당이 여러 개 모여서 만들어지는데

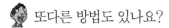

설탕 안에 있는 포도당과 이스트가 만나면 에탄올과 이산화탄
소가 생깁니다. 이때 이산화탄소가 점점 많이 발생하면 할수
록 풍선이 부풀어 오르지요. 사람이 입으로 풍선을 부는 원리
도 이와 같습니다. 즉 입에서 나온 이산화탄소가 풍선을 부풀
리는 것입니다.

또다른 방법도 있나요?

두 번째 방법은 발효를 이용하는 것보다도 더 간단한 방법인
데요, 풍선을 병 주둥이에 끼우고 병을 가열하는 것입니다.

병을 가열한다고 풍선이 부풀어 오릅니까?

네, 병 안에 있는 공기는 기체이기 때문에 열에너지를 받으면
활발하게 움직입니다. 기체의 운동이 활발해질수록 기체가 차
지하는 공간 또한 팽창되어 병 안에 있던 기체가 풍선으로 들
어가면서 풍선이 부풀어 오르는 것이지요.

많은 힘을 들이지 않고도 풍선을 팽창시킬 수 있는 방법이 여
러 가지가 있군요. 증인이 추천한 여러 가지 방법들을 함께
병행해 풍선을 불었다면 원고는 굳이 많은 힘을 들이지 않고
도 약속한 풍선의 분량을 채울 수 있었을 겁니다. 풍선을 좀
더 쉽게 불 수 있는 요긴한 방법을 찾아보려는 노력도 없이
단지 김짠내 사장이 펌프를 사 주지 않아 자신에게 맡겨진 많
은 양의 풍선을 다 불 수 없었다고 변명하는 원고의 태도는
바람직하지 않습니다. 자신의 잘못을 시인하고 일당을 포기

하십시오.

 풍선을 부는 방법에는 사람의 입을 이용하는 것 외에도 정말 다양하고 효과적인 게 많군요. 풍선을 쉽게 부는 방법을 스스로 찾아내는 것 또한 원고의 문제 해결력이나 책임감 같은 업무 능력이라 할 수 있습니다. 원고는 고용주와 약속한 풍선의 분량을 다 채우지 못한 책임이 있습니다. 하지만 원고가 아예 손을 놓고 일을 하지 않은 것이 아니라 열심히 했지만 결과가 좋지 않았던 것뿐이므로 원고가 한 일만큼의 일당은 주는 것이 옳습니다. 이상으로 재판을 마치겠습니다.

재판이 끝난 뒤, 자신이 분 풍선의 양만큼 일당을 받게 된 배뚱뚱 씨는 풍선을 불 수 있는 많은 다른 방법들을 연구했고, 그 후 풍선 부는 일거리만 있으면 무조건 달려가 일했다. 배뚱뚱 씨는 이 일이 자신의 천직이라는 생각이 들었다.

 이산화탄소

이산화탄소는 산소 원자 두 개와 탄소 원자 하나로 이루어진 냄새와 색깔이 없는 기체로 탄소를 포함하고 있는 물질을 태울 때 발생한다. 이산화탄소는 열을 흡수하는 성질이 있어 '온실 가스'라고도 불린다.

손에서 불이 나요

송이국 씨의 손에서 피어난 흰 연기의 정체는 무엇이었을까요?

사건속으로

"어머머…… 저기 송이국 씨 아니야? 저기 타잔 차림으로 분장한 사람 맞지?"

"어디? 악! 진짜 송이국 씨네. 어머, 어쩜 좋니? 나 송이국 씨 너무 좋아하는데…… 아! 가슴 떨려. 민지야, 내 심장 뛰는 소리 들리니? 아! 우리 얼른 송이국 씨한테 가 보자."

"지금 한창 촬영 중인 것 같은데 가까이 가도 되나 몰라……."

"안 될 게 뭐 있니? 나 먼저 간다. 나의 이국 오빠～."

그렇게 슬기는 좋아하는 이국이 오빠를 좀 더 가까이서 보기 위해 촬영 중인 송이국 씨의 근방으로 다가갔다.

"이국이 오빠, 안녕하세요? 저는 슬기라고 해요. 아! 이국이 오빠……."

슬기는 단숨에 영화 촬영 도중 잠시 쉬고 있던 이국이 오빠에게로 뛰어가 인사를 건넸다. 그러나 무심하게도 송이국 씨의 매니저가 슬기를 막아섰다.

"너 팬이지? 일반 팬들은 송이국 씨한테 가까이 접근하면 안 되는 거 몰라? 어디서 감히 우리 이국이한테 말을 걸고 난리야? 난리는……. 당장 저리 가지 못해? 멀리서 사진이나 찍지 그래?"

슬기는 매니저의 말에 더 이상 이국 오빠에게 가까이 가지 못하고 그 자리에 멈춰 선 채 고개를 떨구었다. 그때 슬기에게 기적 같은 일이 일어났다.

"잠깐만, 슬기라고? 매니저, 저리 못 비켜? 내가 그토록 만나고 싶어 했던 애잖아! 슬기야, 이리 와 보렴."

슬기는 어리둥절했지만 설레고 기쁜 마음에 이국이 오빠에게 다가갔다.

"혹시 네가 이번 내 생일에 커다란 곰 인형 보내 준 아이니? 그리고 일주일에 두 번씩 꼬박꼬박 편지 보내는 애가 너 맞지?"

"네, 이국이 오빠. 맞아요, 바로 제가 슬기예요."

"내가 너를 얼마나 보고 싶어 했는지 몰라. 이제야 널 만났구나, 슬기야!"

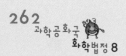

"이국이 오빠……."

그때 갑자기 이국이 오빠가 슬기를 부둥켜안더니 슬기의 볼에 뽀뽀까지 했다.

"슬기야, 너무너무 보고 싶었어……."

"아, 이국이 오빠…… 이국이 오빠…… 으악! 앗, 따가워! 뭐야?"

슬기는 순간 머리에 심한 통증을 느끼며 정신이 들었다.

"당장 일어나지 못해? 웬일로 네가 조용하기에 방에서 공부하는 줄 알았더니, 책상 위에 이건 또 뭐야? 아유, 온통 송이국이 사진에…… 세상에! 너 송이국한테 팬레터 쓰고 있었니? 송이국이한테 팬레터 보내기 전에 편지지에 흘린 네 침이나 닦아! 아유…… 이 엄마가 정말 너 때문에 못산다 못살아! 그래도 계속 정신 못 차리면 이번엔 엄마의 필살기 '살 비틀어 꼬집기 2탄' 들어갈 거야!"

"아, 알았어요…… 공부할게. 안 그래도 공부하려고 했어!"

"그럼 열심히 공부하고 있어. 엄만 시장 좀 다녀올 테니."

그렇게 슬기는 엄마의 살 비틀어 꼬집기 2탄을 피하기 위해 서둘러 공부하는 자세를 취했고 엄마는 그 모습을 확인한 뒤 슬기의 방을 나갔다. 그러나 엄마가 방을 나가자 슬기는 또다시 이국이 오빠 삼매경에 빠졌다.

'아…… 꿈이었구나. 너무 아쉽다! 엄마가 날 깨우지만 않았어

도…… 너무 속상해! 아, 오늘이 이국이 오빠 영화 개봉 날이지? 절대로 놓칠 수 없지!'

슬기는 서둘러 민지에게 전화를 걸었다.

"민지야, 오늘 이국이 오빠 영화 개봉 날이잖아. 얼른 준비해서 띠용 시네마 앞에서 만나자."

"응, 알았어. 나도 그동안 얼마나 기다려 왔다고."

그렇게 해서 둘은 띠용 시네마 앞에서 만났다.

"우아! 사람들 엄청 많다. 이국이 오빠 영화 보려고 사람들 줄 선 것 좀 봐, 표 금방 매진되겠다. 얼른 표 끊자!"

슬기와 민지는 서둘러 영화 표를 끊고 영화관 안으로 들어갔다. 영화관 안은 역시 넘쳐 나는 사람들로 좌석을 가득 메웠다. 어느덧 영화가 시작되었고 슬기와 민지는 이내 영화 속으로 빠져 들기 시작했다.

"어머나! 벌써 끝난 거야? 너무 재미있어서 시간 가는 줄도 몰랐네. 그지, 슬기야?"

"응, 특히 우리 이국이 오빠가 하는 마술 같은 연기 봤지? 난 그게 너무 신기하더라. 이국이 오빠 손에서 연기가 나오는 순간 적들이 놀라서 도망가잖아? 그 장면이 정말 멋있었어!"

슬기는 영화를 본 뒤 두근거리는 가슴을 안고 집으로 돌아갔다.

"앗, 엄마!"

"아니, 요게! 공부하라니까, 또 어딜 쏘다니다 오는 거야?"

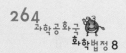

"아…… 아니 엄마, 그게 아니라…… 공부가 하도 안 돼서 머리 좀 식히느라 민지랑 영화 한 편 보고 왔어…….”

"영화? 설마 너 또 이국이 나오는…… 애 때문에 내가 정말 못살아. 이국이가 너 밥 먹여 주니? 당장 들어가서 공부해!”

"알겠어, 지금부터 열심히 할게. 근데 우리 이국이 오빠 욕하지 마!”

그렇게 슬기는 문을 쾅 닫고 방으로 들어가 책상 앞에 앉았다.

'나 때문에 이국이 오빠를 욕 먹일 수는 없지. 열심히 공부할 거야!'

슬기는 책상에 앉아 공부에 열중하기 시작했고…… 웬일로 시간이 가는 줄도 모르고 열심히 공부했다.

"애, 슬기야! 여기 과일 먹고 공부해. 엄마가 너 좋아하는 오렌지 가져왔어. 우리 딸은 한 번 공부 시작하면 참 잘해요. 시작하는 게 어려워서 그렇지. 호호호! 우리 슬기가 너무 열심히 공부해서 엄마가 여기 송이국이 나온 신문 가져왔다. 네가 그렇게 좋아하는 송이국이 나온 영화에 대한 기사던데? 이거 읽으면서 과일 먹고 조금 쉬었다가 다시 공부하렴. 귀여운 우리 딸!”

"뭐? 이국이 오빠에 대한 기사라고? 와, 좋아라! 오늘 영화도 너무 재미있었는데…… 뭐라고 나왔나? 세상에! 이럴 수가…… 이건 말도 안 돼! '영화의 질을 높이기 위해서 과학공화국에서는 특수 효과 사용을 금지시켰는데도 불구하고 주인공 송이국 씨의 손에서 피어 나오는 연기는 특수 효과를 이용한 것이므로 이 영화의 상영을 당장 중지해야 한다'고? 도대체 이 기사 쓴 사람이 누구야? 오호라, 우리 이국이 오빠의 라이벌 회사 대소 영화사구먼! 이건 말도 안 돼! 이 사건을 당장 화학법정에 의뢰해 보겠어!"

붉은인을 손가락에 붙인 뒤 문지르면 손의 열과
마찰열로 인해 산화인이라는 흰 연기가 발생합니다.
여기서 인은 쉽게 발화하는 성질이 있습니다.

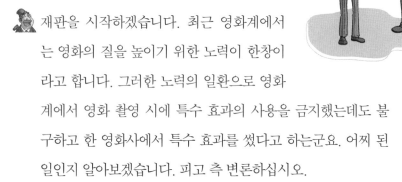

손에서 연기가 피어 나올 수 있을까요?
화학법정에서 알아봅시다.

재판을 시작하겠습니다. 최근 영화계에서
는 영화의 질을 높이기 위한 노력이 한창이
라고 합니다. 그러한 노력의 일환으로 영화
계에서 영화 촬영 시에 특수 효과의 사용을 금지했는데도 불
구하고 한 영화사에서 특수 효과를 썼다고 하는군요. 어찌 된
일인지 알아보겠습니다. 피고 측 변론하십시오.

최근 송이국 씨가 주연을 맡은 영화가 큰 인기를 얻고 있습니
다. 그런데 이 영화에서 송이국 씨의 손에서 연기가 피어 나오
는 장면이 있습니다. 이 장면은 엄연히 특수 효과를 사용하지
않는다면 나올 수 없는 장면입니다. 특수 효과는 영화계에서
금지하고 있는 조항인 만큼 당장 영화 상영을 중지시켜야 합
니다.

현재 많은 인기를 얻고 있는 영화가 중단된다면 영화사나 영
화관의 타격이 크겠습니다. 송이국 씨의 손에서 연기가 피어
나오는 장면을 찍기 위해 특수 효과를 이용했다는 주장은 설
득력이 있습니다. 원고 측 주장을 들어 보겠습니다.

그 장면은 특수 효과에 의한 것이 아닙니다. 그 장면은 자연스

러운 현상에 의한 것이므로 영화 상영 중단을 받아들일 수 없습니다.

자연현상이라면 특별한 효과를 주지 않은, 말 그대로 자연스럽게 발생한 효과라는 건가요?

그렇습니다. 송이국 씨의 손에서 연기가 나거나 날아다니는 등의 특이한 장면이 모두 특수 효과라고 여기는 것은 착각일 뿐입니다. 연기가 피어나는 장면도 얼마든지 자연현상만으로 찍을 수 있습니다. 이러한 장면이 어떻게 해서 탄생될 수 있었는지 알아보도록 하지요. 발화 연구소의 아뜨거 소장님을 증인으로 요청합니다.

증인 요청을 받아들이겠습니다.

머리에는 빨간 모자를 쓰고 소화기를 든 50대 초반의 남성이 막 매운 고추를 먹은 듯 뜨거운 입김을 불면서 증인석에 앉았다.

특수 효과란 무엇을 말하는 것입니까?

영화 촬영 시에 동원되는 잡다한 기술을 통틀어서 특수 효과라고 합니다. 특수 효과의 목적은 현실적으로 불가능한 것들을 기술적인 힘을 활용해 마치 실제인 것처럼 영상으로 구현해 내는 것입니다.

송이국 씨가 출연한 영화의 한 장면에서 흰 연기가 피어났던 것도 특수 효과를 활용한 것입니까?

꼭 그렇다고 볼 수만은 없습니다. 반드시 특수 효과만으로 흰 연기를 만들어 낼 수 있는 것은 아니니까요.

그럼 그 장면은 어떻게 만들어진 거죠?

제가 알고 있는 방법으로 흰 연기를 만들어 내기 위해서는 몇 가지 준비물이 필요합니다. 먼저 성냥갑에서 성냥을 비비면 불이 켜지는 붉은 부분을 뜯어 냅니다. 그리고 그 부분을 잘게 찢어서 동전 위에 놓고 불을 붙이면 동전 위로 검게 그을린 부분이 생기게 됩니다. 이 부분을 손가락에 붙여 문지르면 흰 연기가 피어오르는 것을 볼 수 있습니다.

검게 그을린 부분은 무엇이고 흰 연기는 왜 만들어지는 건가요?

성냥갑에서 불이 켜지는 부분을 찢어서 불을 붙여 태우면 다 타고 검은 부분만 남습니다. 타고 남은 검은 부분이 바로 붉은인입니다. 이 붉은인을 손가락에 붙인 뒤 문지르면 손의 열과 마찰열로 인해 흰 연기가 발생합니다. 이 연기는 산화인이라는 물질입니다. 여기서 인은 쉽게 발화하는 성질이 있지요.

그러니까 붉은인을 손에 놓고 문지르면 발화되면서 산화인이 발생해서 흰 연기가 피어오른다는 말씀이군요. 이렇게 해서

만든 흰 연기는 마치 특수 효과를 이용해 만든 것 같이 보이기는 하나 실현 불가능한 것을 실제처럼 보이게 만드는 특수 효과와는 다소 거리가 있다고 여겨집니다. 따라서 산화인 물질이 피어오르는 것을 특수 효과라고 주장한 대소 영화사 측은 아무 잘못도 없는 송이국 씨의 소속 영화사와 상영 영화관에 피해를 입힌 것에 대한 책임을 져야 합니다.

 인기리에 상영되고 있는 송이국 씨 주연의 영화 속 장면을 특수 효과의 결과라고 볼 수 없습니다. 따라서 기사 작성에 있어 가장 기본적으로 지켜야 할, 사실 유무의 확인 작업 없이 기사를 작성한 대소 영화사 측에 막중한 책임이 있다고 판단됩니다. 대소 영화사 측은 다음 호 기사에 영화에 사용됐다고 주장한 특수 효과가 실은 오해였음을 밝히는 정정 기사를 내도록 하세요. 이상으로 재판을 마치겠습니다.

재판 종결 후, 다행히도 송이국의 영화가 상영 정지 처분을 받지 않게 됐다는 사실을 알게 된 슬기는 매우 기뻐했다.

그 이후로도 슬기는 송이국의 영화를 다시 보기 위해 몇 번이고

 인

인은 원자 번호 15번의 원소로 모든 생물 세포 속에 들어 있는 물질이다. 인은 다른 물질과의 반응성이 좋아 자연에서는 화합물로 나타난다. 또한 비료나 성냥, 화약 등의 재료로 사용된다.

더 영화관을 찾았다.

　그런 슬기에게 엄마는 '그 정성으로 공부를 했으면 벌써 1등을 했어도 수십 번은 했겠다'며 슬기를 나무랐다.

과학성적 끌어올리기

제1종 영구기관

열역학 제1법칙은 에너지 보존 법칙입니다. 다시 말해 물질이 받은 에너지는 다른 종류의 에너지로 바뀌지만 이때 에너지의 합은 변하지 않고 보존된다는 거지요.

예를 들면 바닥에 놓여 있던 돌멩이가 저절로 위로 들어 올려지지는 않지요? 이런 일이 불가능한 이유가 바로 에너지 보존 법칙 때문입니다. 바닥에 놓여 있는 돌멩이는 정지해 있으므로 운동 에너지가 0이고 바닥을 기준선으로 하면 위치 에너지 역시 0이 됩니다. 그러므로 돌멩이가 가진 에너지의 총합은 0이 됩니다.

만약 이 물체가 저절로 위로 들어 올려진다고 합시다. 이때는 바닥보다 위로 올라갔으므로 위치 에너지는 양수가 됩니다. 그런데 에너지의 총합은 0이었기 때문에 운동 에너지는 음수가 되어야 합니다. 하지만 운동 에너지는 속력의 제곱에 비례하므로 음수가 될 수 없습니다. 그래서 돌멩이가 저절로 위로 들어 올려지는 일은 있을 수 없습니다.

그러면 에너지는 보존된다고 했는데 왜 물체를 밀면 조금 움직이다가 멈추는 걸까요? 물체를 밀면 물체는 운동 에너지를 가지게 됩

니다. 하지만 물체는 바닥과의 마찰 때문에 운동 에너지를 잃어버리고 속력이 줄어들면서 결국엔 속력이 0이 되어 멈춰 버립니다.

그럼 이때 물체의 에너지는 사라진 걸까요? 그렇지 않습니다. 이때 사라진 운동 에너지는 다른 종류의 에너지로 바뀌었습니다. 물체와 바닥과의 마찰에 의해 생긴 열에너지가 바로 그것이지요.

이렇게 해서 물체가 가지고 있는 모든 에너지의 총합은 보존되며 다만 다른 종류의 에너지로 바뀌는 것뿐입니다.

예를 들어 모터는 전기 에너지를 운동 에너지로 바꾸고, 전등은 전기 에너지를 빛에너지로, 전열기는 전기 에너지를 열에너지로, 발전기는 운동 에너지를 전기 에너지로, 열기관은 열에너지를 운동 에너지로 바꾸어 주지요.

따라서 외부로부터 에너지의 공급이 없이 물체가 저절로 움직이는 일은 없습니다. 옛날 사람들은 외부 에너지의 공급 없이 저절로 움직이는 기관을 제1종 영구기관이라고 이름 붙였습니다. 물론 열역학 제1법칙에 의해 그런 기관은 만들어질 수 없지만 말입니다.

에필로그

화학과 친해지세요

이 책을 쓰면서 좀 고민이 되었습니다. 과연 누구를 위해 이 책을 쓸 것인지 난감했거든요. 처음에는 대학생과 성인을 대상으로 쓰려고 했습니다. 그러다 생각을 바꾸었습니다. 화학과 관련된 생활 속 이야기가 초등학생과 중학생에게도 흥미 있을 거라는 생각에서였지요.

초등학생과 중학생은 앞으로 우리나라가 선진국으로 발돋움하기 위해 꼭 필요한 과학 꿈나무들입니다. 그리고 지금과 같은 과학의 시대에 큰 기여를 하게 될 과목이 바로 화학입니다.

하지만 지금 우리의 화학 교육은 실질적인 실험보다는 교과서를 달달 외워 높은 시험 점수를 받는 것에 맞추어져 있습니다. 과연 이러한 환경에서 노벨 화학상 수상자가 나올 수 있을까 하는 의문이 들 정도로 심각한 상황에 놓여 있습니다.

저는 부족하지만 생활 속의 화학을 학생 여러분들의 눈높이에 맞

추고 싶었습니다. 화학은 먼 곳에 있는 것이 아니라 바로 우리 주변 가까이에 있으며, 잘 활용하면 매우 유용한 학문인 만큼 화학에 대한 열정을 갖고 더 열심히 공부해 주기를 바랍니다.